U0048072

# GREAT WORK

是你讓
工作不一樣

創造影響力的
**5** 個改變配方

大衛‧史特、坦那機構｜著　　　許恬寧｜譯

感謝成千上萬的
傑出工作者帶給我們靈感
完成本書

GREAT
WORK

HOW TO MAKE
A DIFFERENCE PEOPLE
LOVE

# 目錄
## CONTENTS

# 各界推薦

精彩絕倫！一本必讀的書。本書將提供你全新的成功工具。

——賴瑞・金 Larry King ｜ 傳奇媒體人

精彩至極！本書以故事形式說出大師級研究，讓我們在著手進行工作之前問對問題，把自己帶往正確方向，還讓我們與圈外人對話。在這個世界，我們只需要再多一點合作、再多一點信念。這本書讓我們看見新事物，並以新視野檢視自己的工作。本書讓我相信，每個人都能帶來不同。

——小史蒂芬・柯維 Stephen M. R. Covey ｜《高效信任力》（*The Speed of Trust*）暢銷作者、柯維林克（CoveyLink Worldwide）創辦人暨執行長

《是你讓工作不一樣》本身就是 Great Work。本書教導、啟發與提供所有員工及領導者都能使用的工具。

——戴夫・尤瑞奇 Dave Ulrich｜密西根大學羅斯商學院（Ross School of Business）教授、RBL 集團（The RBL Group）合夥人

我深受本書啟發。從眾多案例研究中，感受到一股興奮、活力、毅力與熱情，我覺得我可以把自己的工作做得更好。我永遠深信人性，我們可以做到任何事，不過那需要熱情、冒險、遠見、堅忍、不屈不撓，跳出框框思考……超越現況、將問題視為契機，以及跳下去將傑出的工作成果帶給這個世界。本書提供重大啟發以及達成的方式。沒有比做到傑出工作更棒的事了。

——凱瑞姆・瑞席 Karim Rashid｜國際知名工業設計師

《是你讓工作不一樣》將大型研究去蕪存菁，以深入淺出的方式，提供好讀的小品文，探討營運主管每日會遇到的挑戰。史特利用故事讓讀者進入眼熟的情境，最終提供務實、易記又實用的領導架構。如果你想帶領團隊邁向傑出，應該把本書當成手冊。

——蓋瑞・克里騰登 Gary Crittenden｜HGGC 執行長暨經營合夥人・前花旗集團（Citigroup）、美國運通（American Express）、孟山都（Monsanto）、西爾斯（Sears）財務長

《是你讓工作不一樣》透過平凡人展現不凡工作成就的事跡，感

動並啟發讀者……如果你希望部屬提供突破性的創新與創意，也或者他們正仰賴你在這方面的領導，你會想讀這本書。

十分簡單，但十分強大的一本書！

——湯姆・卡羅爾 Tom Carroll｜美國印刷業巨擘唐納利（RR Donnelley）執行副總裁暨人資長

我把這本書推薦給各行各業夢想完成傑出工作的人士。

——芭芭拉・柯克蘭 Barbara Corcoran｜美國房地產大師、柯克蘭集團（The Corcoran Group）創辦人暨董事長

大衛・史特的《是你讓工作不一樣》構思精巧，由專家進行研究，具有強大的啟發力。我才讀了兩章，已開始寫下點子，希望能帶來人們會喜歡的不同。這本書本身就是 Great Work ！

——理查・保羅・艾文思 Richard Paul Evans｜《救贖清單》（*The Christmas*）、《魔電聯盟》（*Michael Vey*）TOP 1 暢銷作者

傑出工作不是看你的身分，而是看你「做什麼」。你不需要是超級名人，也不需要擁有超高智商、無往不利的簡報風格。你不需要當你「不是」的人。運用本書提供的原則，你將發現遠大的夢想確實觸手可及。

——惠特妮・強森 Whitney Johnson｜《讓塵封的夢想再啟》（*Dare, Dream, Do*）、《哈佛商業評論》（*Harvard Business Review*）作者

我們全都知道，在小地方帶來不同的傑出工作者，全都對我們工作與生活的方式有深遠影響。感謝大衛・史特與坦納機構，協助我們找出並讚揚這些人士。

——湯姆・波士特 Tom Post｜富比世媒體（Forbes Media）執行編輯

《是你讓工作不一樣》令人百感交集……既受鼓舞，也感動含淚、深受啟發。本書同時滋養我的靈魂、精神以及商業頭腦。……人力是舉世最大的資源，創新是人類最好的工具，感謝作者讓我們看見帶來非凡成就的平凡人們。

傑出的啟發、傑出的事業、傑出的影響、傑出的工作！

——黛娜・屋隆－烏瑟利齊（Dana Ullom-Vucelich）｜OPRS人資長

**推薦序**
# 傑出工作，一個意外的旅程

洪震宇｜作家、小旅行推動者、創意顧問

　　先說個故事。我在南投國姓鄉認識一個年輕的豬肉販阿國，他們一家三代都是肉販，阿國曾在電子公司上班，父親年邁，只得返鄉繼承家業，由於鄉下人口外流，生意不若往昔，在阿國努力經營之下，其他四個豬肉攤都陸續歇業，他的生意卻供不應求，全村的人都是他的顧客，清晨開市 3 小時，所有的肉就賣光了，還常有移居外地的村民跟他買肉。

　　阿國有個黑毛豬哲學，市面上大部份是吃飼料的白毛豬，長得快，養半年就能出售，成本也低，然而，吃廚餘的黑毛豬，得要四處搜集廚餘，而且廚餘熱量比飼料少，必須要養到一年以上，體型才夠大，投資成本高，回收慢，但是黑毛豬口感 Q，膠質多，也不容易有摻入抗生素、瘦肉精的問題，是老饕的最愛，也讓人安心。

　　一般豬販只會去屠宰場買豬，阿國為了控制品質，沒事就是四處去看豬、挑豬，先預購下來，或是跟豬農交流，增長知識。他光是從體型、聲音與毛色，就能判斷這頭豬的年齡與飼養過程是否合格。

　　我曾跟他去現場考察，沿著北港溪支流阿冷溪上山，路越來越小，越來越陡，但空氣清新，帶點溼潤水氣，遠遠看到幾個有遮雨棚的木造豬舍，沒聞到騷臭味，因為通風良好，豬農每天中午清洗豬舍、幫豬洗澡。阿國隨手摘了野生牧草與野菜，豬農會將這些野菜與地瓜葉一起剁碎，再將煮過的廚餘淋下去，讓葉子熟透軟爛，補充豬群的營養。

　　等到預定的豬長大成熟後，他還會抓回家再飼養一週，只餵麥片，改善體質。因為一次得抓十幾頭豬，每頭豬重達 100 公斤，往往造成全身腰酸背痛，甚至還會被豬咬。他每天半夜起床工作，5 點開市，8 點就賣完，他再去補眠，中午起床後，得洗豬欄、餵食麥片，工作辛苦，卻甘之如飴。阿國還研發福菜香腸，找老阿婆醃漬福菜，放置一年後，讓福菜味道更香濃，再與黑毛豬結合灌成香腸，這是他的獨門祕方。

　　他是個快樂有自信的豬販，不只是專業達人，更讓村民吃得安心，講到阿國，每個人都說不簡單。

　　阿國只是一個賣豬肉的攤販嗎？不，他重新定義他的工作，為了村民的食安與美味享受，仔細鑽研流程，嚴格控制品質。阿國的故事就跟本書的主題一樣，雕琢自己的工作內容，關懷他人需求，賦予意義與影響力，讓工作超乎期待與想像。

　　這是一個重新定義工作的時代，大環境不景氣、產業變化迅速，傳統的工作範圍，工作場域與內容都得重新思考，過去只要在大組織體系中當顆螺絲釘，或憑藉單一專業就能安身立命，現在唯一的不變，就是改變。

　　機會屬於由內而外、翻轉視野的人。該如何重新框架自己的工作？沒有標準答案，就像一個旅程，只能憑藉熱情與渴望，找尋屬於自己的方向。求索的過程中，逐漸發現，體貼他人、瞭解他人，解決他人的問題才是快樂的真諦，我們找到自己的工作召喚，融合自己的專業、職業與志業的三業一體，才能創造商業價值（讓他人需要你）與社會價值（讓社會因為你更好）。

　　就像電影《哈比人：意外的旅程》（*The Hobbit: An Unexpected Journey*）的情節，原本貪圖安逸的哈比人比爾博，奮勇解救失去家園的矮人國王子索林，索林問他為什麼要冒險？他回答：「我一直在想著我的袋底洞、我的家，但我來這裡是因為你們沒有家，你們的家被搶走了，所以我要盡力幫你們奪回來。」

　　現實的職場工作也是如此，本書寫著：「差別在於你工作時

是低著頭或抬起頭。你需要看著周遭每一件事，讓自己的眼睛看見可能性。如果你看到你的工作是如何影響他人，看見人際關係是如何運作，看見其他人想要什麼、需要什麼，你將看見只是照章行事時看不見的東西。」

從普通工作躍升為傑出工作的過程，就是因為你，才讓工作不一樣，改變自己，更能影響他人，創造更多難以想像的成果，完成一場奇幻的意外旅程。

美國小說家法蘭岑（Jonethan Franzen）在《如何獨處》（*How to Be Alone*）的〈自尋煩惱〉這篇文章中，引述小說家芙蘭納莉·歐康納（Flannery O'Connor）的一句話：「沒有希望的人不僅不寫小說，更重要的是，他們不讀小說。他們不凝視任何事物，因為沒有那股勇氣。拒絕接受任何類型的體驗，便是邁向絕望之路，而小說，當然是一種產生體驗的方式。」

我們需要更多的凝視、體驗與感受，才能拓寬視野與學習心，重新框架自己的工作，創造不凡意義。

最後，才能完成屬於自己的工作旅程。

引言
# 起死回生的學校

　　美國紐康布鎮（Newcomb Town）的鎮長喬治・坎農（George Canon）曾說：「失去你的學校，就是失去你的小鎮地位。」

　　從地圖上來看，要抵達紐約州的紐康布鎮，從繁華的曼哈頓市區得開 255 英里的車，也就是遠得不得了。此一運動愛好者的樂園位於阿迪朗達克公園（Adirondack Park），距離佛蒙特州伯靈頓（Burlington, Vermont）59 英里，鎮上有哈里斯湖（Lake Harris）營地，以及 481 名左右的居民。

　　如果你看 Google Maps 的紐康布鎮衛星影像，只會看到湖泊、林木以及紐康布中央學校（Newcomb Central School）的操場，就好像周圍的森林想要吞噬學校，讓這個地方回到易洛魁（Iroquois）與阿岡昆（Algonquin）印第安人的部落年代。

2006 年 6 月 13 日，克拉克·「史期普」·豪滋（Clark"Skip" Hults）接到一通期待已久的電話，得知自己即將成為紐康布中央學校新任學區教育長（superintendent）。他年輕時造訪過紐約北區（North Country），一直很喜歡那個地方，這個消息令他開心。

史期普表示：「董事會看到我在紐約南部照顧弱勢學生的成果，所以聘請我，希望能帶來新鮮思考，主要負責行政計劃以及學業表現等方面的事務。」

因此他搬到紐約北區，接手學區教育長的例行工作：規劃課程、管教不聽話的學生、繳費……無所不包。史期普喜歡做這類事情，但也希望能以更具意義的方式影響學校，以及自己所熱愛的社區。

史期普 2006 年抵達時，紐康布中央學校的人數就和小鎮人數一樣，不斷下滑。伐木業與礦業在 1970 年代晚期遷出紐康布，從那時起，人口就不斷流失。學校一共有 13 個年級（從幼稚園到 12 年級），學生只有 57 人。最高峰的時期，學校一共有 350 名學生，此後 40 年間人數不斷下滑，最後大概得用巴士載孩子到別處上學。史期普就任那一周，又碰上兩個孩子轉學，學生一共只剩 55 人。

然而沒有什麼人在談要解決這個問題。

談了又如何？

史期普解釋：「我剛來的時候，學校人數減少的問題已經太久，人們變得無感。重大問題就像那樣，人們有時會視而不見，因為如果你意識到問題，你就得處理，而那似乎是一件不可能的事。大部份的鄉下學校直接放棄。很多行業都是這樣，認為壞得最嚴重的東西修不了，於是把力氣花在別的事情上。」

雖然沒有人要求史期普增加入學人數，他調查了學校情形後，心想：「我們必須成長。」然而要怎麼做？他不可能把昔日的伐木業還有礦業帶回小鎮，也不太可能從鄰近小鎮挖學生。他要如何把更多學生吸引到一間偏僻的迷你公立學校？有什麼可以幫助學校吸引新學生？要吸引哪裡的學生？他的學校可以提供什麼和其他學校不一樣的東西？

在此同時，另一個問題也讓他很煩惱：紐康布缺乏多元性。他的女兒從八成學生都是少數族群的都市學校轉學過來，稱這所鄉村學校是「沒有特色」的學校，因為學生都來自同一族群。她說：「每個人都和我一樣。」而且那不是讚美的意思。史期普的家人知道，學生將離開紐康布這樣的小鎮（95％的居民都是白人），接著進入擁有多元語言、多元文化、多元宗教以及多元觀點的商業世界。鎮上的孩子進入日益全球化的世界後，他們能夠和他人合作、競爭、推銷自己嗎？

　　史期普把紐康布中央學校日益減少的入學人數，當成自己的問題。然而他已經尋求解決方案好一段時間，還是想不出什麼好法子。一天他和澳洲的哥哥在電話上談教育時，突然靈機一動。史期普的哥哥是私立學校的國際學生招募人員，偶然提到教育國際學生現在是澳洲第三大產業。

　　等等，再說一遍，真的嗎？

　　史期普瞬間把一切連在一起。小鎮的公立學校需要多元化，還需要更多學生。那個意想不到的連結，讓他想出一個簡單的解決辦法：

### 鄉村學校＋國際學生＝成長

　　突然之間，大量的可能性在史期普眼前展開。他可以想像，招收國際學生或許可以改變紐康布的未來。如果人數成長的話，就算一年只多三、四個新學生，也會彌補前一年的學生流失。而且來自其他國家的學生，可以為小鎮帶來什麼樣的多元性、文化視野、語言接觸、課業指引以及社交生活？史期普考量了可能的改變後，發現不會有新成本。學校已經有老師、桌子、教科書以及行政人員，只需要食物等消耗品與住的地方，好處絕對多過成本。雖然問題依舊比答案多，史期普相信這個點子本身可行，因此開始和別人分享這個點子，告訴那些他將需要贏得支持的人士。

小鎮領袖與學校人員一同參與此事，居民自願成為接待家庭，事情就這樣順利進行。

## 結果與後續發展

過去 5 年間，紐康布中央學校迎接來自 25 國的 61 名學生，包括德國、法國、中國、瑞典、巴西、孟加拉、辛巴威、塞爾維亞、以色列、瑞士、南韓、伊拉克、蘇利南、黎巴嫩、澳洲、日本、芬蘭、泰國、維也納、俄國、亞美尼亞、西班牙與烏拉圭。

私下閒聊時，相較於人數的成長，史期普似乎更醉心於多元性的增加。「想像一下，在我們迷你的鄉下小鎮，社會課討論住在以色列的基督教巴勒斯坦人，探討猶太人和巴勒斯坦人都同樣憎恨他們，原因是宗教信仰。」

「我們有一個來自巴格達的年輕女孩，她解釋看到有人被殺害的過程，以及晚上穿著出門的服裝睡覺，以防半夜得逃命。」

「我們學校有穆斯林與佛教徒──在紐約北區不曾有過。」

「然後你考量到這些孩子的聰明才智，以及他們對數學與自然課討論的貢獻，這豐富了我們的教室，好處多到無法計算。」

附近的社區也注意到相關改善。史期普沒料到僅 5 年時間，

這個計劃就帶來 84% 的成長。「此一國際課程的名聲與品質，讓其他小鎮的孩子也通勤跑來就讀。有幾個新家庭搬了過來，有些其他鎮的孩子跑來和祖父母或阿姨、叔叔一起住，以便於在紐康布讀書。有一位其他學區的教育長，放棄在自己鎮上連任的機會，把全家人搬來紐康布，好讓孩子可以轉學。2012 年，紐康布中央學校的成員齊聚一堂，一人帶一道菜到學校餐廳吃晚飯，慶祝自1980 年代以來，學生首度達 100 人。」

如今史期普擔任全美各地的學校董事會顧問，當初至少有十幾個鄉村的學區教育長嘲笑他的點子。但中國與俄國的教育人士遠道而來，參觀紐康布，向成功的美國教育體系取經。史期普表示：「各地的父母都希望自己的孩子準備好面對真實世界的生活，而國際課程可以做到這件事。我們的學校從前不曾登上峽谷瀑布市（Glens Falls）地方報，現在則被 BBC、路透社與美聯社報導。」

讓一切成真的外國學生也享受到好處。史期普表示：「孩子們不只來這裡上學，他們也和當地人互動，一起出去玩、做運動、參加學校話劇，成為小鎮大家庭的一份子。他們爬山、滑雪、騎雪上摩托車，他們交朋友。」一位孟加拉學生來自人口 3,000 萬的城市，一開始他睡不著、痛恨這個地方，這裡沒車、沒噪音、沒城市、沒購物的地方，但後來適應得很好。史期普說：「到了該離開時，沒有學生哭得比他慘。」

# 傑出工作帶來人們喜歡的不同

史期普讓自己的鄉村學校多了國際學生，這是了不起的成就。這個計劃成功了，證明行得通，在學業、社會、經濟等層面，影響了數百位學生以及他們的家庭，程度超乎所有人的想像。

對學生來說，不同之處在於他們多了一起玩的酷炫新朋友，而且接觸到其他文化，整體來說得到更好的教育，而且有足夠人數可以進行學校活動（跳舞、運動、學校話劇等等）。

對家長來說，不同之處是不必讓孩子搭車到別處上學，還有機會成為接待家庭，以及國際學生為他們的孩子帶來的各種影響。

對老師來說，不同點是多元性、更多的資源、更多的課堂參與以及工作保障。

對小鎮領袖來說，不同之處是成長、有活力的社群、穩定的房地產價值，以及相較於失去小鎮學校，擁有學校帶來的一切優點。

對史期普在其他小鎮學校工作的教育同仁來說，不同之處是希望——他們可以做點什麼，阻止小鎮人口下滑，解決缺乏多元性以及廢校的問題。

最後，史期普靠著替以上所有人帶來不同，也讓自己不同。他熱愛自己的工作，為此感到自豪。他交到全球的新朋友，得到成就感，而且還對教育帶來正面影響，範圍遠超過自己的家鄉。

本書要談的是，如何創造人們會喜歡的不同，而且不只是像史期普那樣，帶來會改變人生的重大不同，也要講中、小型的不同。我們將看到許多努力為教育、科技、健康照護、製造、工程，以及數十個其他產業帶來不同的人。請和我們一起探討人們如何找出具有創意的方式，替人類的進步寫下新頁。我們將學到，帶來不同的人如何思考、做些什麼。不過在進一步探討前，你應該留意一件重要的事——我們無法告訴你傑出工作最重要的例子，最深刻、最啟迪人心、令人屏息的範例，因為它尚未發生，因為它將由你完成。

請造訪 greatwork.com，**觀賞史期普‧豪滋與紐康布中央學校的故事影片**。

# 本書起源

　　我們開始問一些有趣的問題時，一群坦納機構（O.C. Tanner Institute）的成員與夥伴，包括研究人員、企業領袖、作家、設計師與學者，正與這間全球最大的員工獎勵公司合作。我們問：什麼是傑出工作？它來自何處？為什麼有些人擅長完成傑出工作？思考這些問題時，我們發現自己坐擁全球最大的得獎工作資料庫。這讓我們開始思考：相關記錄是否可能告訴我們一些事情，關於那些「帶來不同」的人？得獎的工作者是否做了任何不尋常的事，而那些事也能幫助我們有傑出的表現嗎？得知他們的祕訣，能否幫助其他人也完成會得獎的工作？如果我們研究傑出工作，回溯人們是因為做了什麼而得到那樣的成就，我們能不能學到什麼？

　　在心中冒出這些疑問後，我們現在不只是好奇，而是非常想找出每當出現傑出工作時，人們做了什麼。而且一定得知道，沒

有回頭路。

我們從哈佛與劍橋招募了兩位擁有博士學位的學者，協助我們替史上最大的得獎工作研究，設計研究方法。從訪問專家、回顧第三方研究與文獻，並做主管問卷，得出幾種假設。接著開始研究超過 500 萬筆傑出工作的書面記錄。這些記錄為提名資料的電子檔，內容為主管或同事被推薦爭取本書附錄 B 提到的公司獎項。為排除未得獎的工作，我們獨立出 170 萬筆實際獲獎的提名記錄，接著真正繁重的工作來了：閱讀與分析 10,000 個抽自得獎工作記錄的隨機樣本，將內容標上特定態度、技能與行為類別。

開始研究完成編號的資料時，幾項影響傑出工作的活動開始浮現。一些模式被發現，讓我們得知傑出工作來自何方。我們跑了統計的相關與迴歸模型，其中最令人感興趣的一點是，影響傑出工作的因素似乎是每個人都能做到的技能。

我們也與《富比世觀察》（Forbes Insights）合作，大量分析超過 1,000 名員工、主管與工作受益人，以證實我們的發現，得出工作較為全面的面貌。《富比世》請相關人士回想，過去三個月從事特定專案時，出現什麼樣的行為。由於專案五花八門，有的不順利，有的做得很好，我們不但能從第二種觀點，得出哪些行為帶來了「傑出工作」（great work），也看到是什麼行為導致「良好工作」（good work）與「差勁工作」（poor work）。這些原則經過多次測試，訪問更多學者，鑽研第三方研究，不斷去蕪存菁，

最後得出傑出工作的基本原則。我們刪去不重要的部分，將特徵類似的原則整合成一條。過程當中，不時令人感到驚訝：「噢，哇！原來事情是這樣。」「你看！這點一直出現。」以及「哈，所以這是他們實際上做的事。」

目前為止，最發人省思的部分是 200 份以上的一對一訪談。我們和超過 200 名帶來不同的人談話：他們來自多元背景，從最初階的員工到資深主管都有，唯一的共通點是都做到無可否認的傑出工作。另外還調查了 300 位執行長，得出他們對於傑出工作的看法。一路上，我們閱讀與研究過去數百位人士的記錄，他們讓事情不同。我們研究不同人士時，看見他們造成的影響，並為他們帶來的改善開心，他們啟發、引導我們，讓我們誠心讚嘆。做完所有研究後，帶來不同的人士讓我們知道傑出工作來自何方，帶來深入的知識、實用的細節，而且一路上給予親切的協助。

最後我們將自己的發現濃縮成兩大類別——帶來不同的人如何思考，以及他們做了哪些事。

# GREAT WORK

HOW TO MAKE
A DIFFERENCE PEOPLE
LOVE

# PART 1

# 帶來不同的人
# 如何思考

# 重新框架你的角色

每個人都可以成為讓事情不同的人。

　　不論是誰都可以讓事情不同。當我們處於「讓事情不同」的模式時，思考模式會出現一個令人驚訝的類似之處：我們的心態會從把自己視為必須快速完成任務的員工，變成視自己為必須讓事情不同的人。艾德（Ed）就是這方面很好的例子。

　　1986 年春天，艾德得到成年後第一份工作：幫地方上一家 AM 電台拉廣告。這個新職位不是什麼光鮮亮麗的工作，同事恭喜他，從一年前在電台倒垃圾的工友，被「降級」為推銷員。表面上看起來，艾德只是另一個積極的菜鳥：年輕又沒經驗，沒有客戶推銷名單，一切只能靠被僱用時，老闆告訴他「去吧」並遞給他的一本電話簿。

　　我們訪問艾德時，他分享了他的故事。當時他和所有剛進銷售這一行的人一樣，走遍大街小巷（或者該說是『開』遍大街小巷。他有一輛紅色的 1962 年福斯金龜車，沒冷氣，暖氣卡在高溫）。時間是盛夏，所有房子的窗戶都關得緊緊的。艾德告訴我們：

「日復一日，我在車裡揮汗如雨，在沒有樹蔭的購物中心，以及柏油石灰泥工業建築，對著潛在的客戶推銷電台的好處。我一直做惡夢，夢見自己達不到規定的業績量。」艾德告訴水管工以及乾洗人員，為什麼選擇電台廣告會勝過報紙、看板或電視廣告。幾個月過去了，他沒拿到任何有利潤的合約（只有一兩家小型地毯公司）。在此同時，電台所有的資深業務代表，都從老客戶那裡輕鬆得到豐厚抽成。

在這種情形下，似乎不可能做出成績——大客戶全在老鳥手上，新人沒有任何門路。直到後來艾德參加了一個銷售講座。講座中提供的大部分資訊，都只是銷售的老生常談，然而其中一名講者說了一個簡單的故事，讓艾德轉變心態，不再覺得自己的工作似乎是條死路。

故事是這樣的，一位像艾德的電台業務代表，走進附近一家錄影帶店推銷廣告，但老闆冷冷打斷他：「很抱歉，你得六個月後再來。我要搬到新地方了，這次的搬家會花掉我能省下的每一分錢。我不能把錢浪費在電台廣告上，招攬顧客來店裡，這家店幾星期後就不在了。」

這名業務代表垂頭喪氣回到電台。

但他心中一直有一個聲音：一個預感。那個聲音說：「我一定可以想到。電台廣告一定可以用某種辦法，現在就幫助那家店

的老闆。」這讓他用不同的角度思考，或是換句話說，他開始思考如何讓事情不同。新點子開始冒出來，其中一個特別揮之不去，感覺很對。他興奮起來，跑回去找錄影帶店老闆，告訴他：「我想到一個點子：把你全部的搬家預算都交給我，去登電台廣告。我們要舉辦一個促銷活動，如果客戶在你現在的店租影片，然後拿到新店還，他們就可以拿到免費錄影帶。」老闆愛死這個點子，這名業務代表順利賣出廣告，兩個人分頭進行。

這個點子是否讓事情不同？

是的，是的，是的，是的！相較於業績的成長，登電台廣告的總花費只是九牛一毛。那家店的顧客對於可以拿到免費錄影帶，感到十分興奮。他們等於是在幫忙搬家，但卻興高采烈。老闆也高興得不得了，因為顧客幫他搬了九成庫存，不必動用搬家卡車——更別提他根本不需要廣告新店地址，因為最忠實的顧客已經登門造訪。至於電台業務人員，他不只得到一筆交易，還得到把他視為可信賴的行銷顧問的客戶。當然，電台經理也同樣興高采烈，公司得到新的長期客戶。雙贏，雙贏，雙贏，雙贏。

## 帶來不同具有感染力

艾德聽完這個成功故事後，回到自己的電台，整個人煥然一新，覺得自己也能找出辦法讓事情不同。他不知道那究竟會以什麼樣的形式出現，但搬錄影帶的故事教了他重要的一課。艾德說：

「我想著自己的工作時，一直用非常侷限、大家都這麼以為的方式看事情。以為培養客戶的方式，就是到處打電話，問市內有沒有人需要打廣告，這個技巧是資深代表專用的，我永遠都會是他們池塘裡的一條小魚，因為池子是他們的。我該問的問題是：我能否找到新方法讓客戶開心？我能蓋自己的池塘嗎？」

因此 24 歲的艾德，一個初出茅廬的電台業務代表，開始尋找讓事情不同的契機。他想做的不只是讓生意成交而已，還想成為協助企業大發利市、被人信賴的顧問。艾德很快就想出幾個可以讓事情不同的好點子，然而最令人振奮、最出乎意料、以文字說明看起來最異想天開的點子，是追逐目前為止一直拒絕登電台廣告的大預算客戶。

他開始研究不同產業，認識不同的人，接著得知食品代理商有龐大的廣告預算，中盤商與製造商之間有利潤豐厚的合作協議，而這些經銷商不買電台廣告的原因，在於他們不認為電台可以和印刷廣告的折價券一樣，帶來明顯的廣告效益。

所以艾德得知那些資訊，他要如何利用？

他加入食品經銷商協會，和全市的經銷商做朋友。和潛在客戶聊天，但一開始的目的不是銷售，而是了解他們的業務、目標以及廣告需求。他腦力激盪，思考電台廣告如何可以得出明顯成效；建立地方廣告公司的人脈，不再把折價券與印刷廣告等其他

媒體，視為必須打敗的敵手。他開始建議經銷商同時利用折價券與電台，以得到更好的廣告效果。甚至建議買其他電台的少量廣告，向收聽不到他們電台的顧客推銷。慢慢地，他從只能接鮑伯地毯農場（Bob's Carpet Barn）這種小生意，變成和城裡最大的廣告主做利潤豐厚的生意。他提供食品經銷商喜歡的點子，他們同意給電台一次機會，結果成功了。許多一向對電台廣告沒興趣的公司，逐漸成為艾德的忠實客戶，他有了自己的池塘。食品經銷商的銷售增加，與愈來愈多顧客接觸，公司欣欣向榮。每登一次電台廣告，他們對艾德的賞識就更多一分。

3 年後，艾德離開電台，當時他已經成為業務代表第 1 名。那些握有長期客戶名單的業務老手，被一個手上只有電話簿的 27 歲小子打敗，一個選擇讓事情不同的人。

## 工作塑造

密西根大學的珍‧道頓（Jane Dutton）教授做過大量研究，試圖了解是什麼讓艾德這樣的人士，以非常有效的方式重新思考自己的角色。

時間回到 2001 年，當時珍和耶魯同仁艾美‧瑞斯尼斯基（Amy Wrzesniewski）開始研究工作不是那麼光鮮亮麗的人如何面對「被貶低的工作」（devalued work）。兩人試圖想出所謂的不受重視的工作，最後選擇醫院工友為研究對象。然而研究結果完全出乎意

料，改變了她們接下來 10 年的研究方向。

珍和艾美訪問美國中西部一家大醫院的清潔人員，結果發現一個研究子集：那些負責做雜事的員工完全不把自己視為工友，而是專業人員的一份子。他們把自己看成治療團隊的一員，而那改變了一切。這些人會去認識病患與家屬，以微不足道但重要的方式提供協助：幫忙拿一盒面紙、倒一杯水，或說一句鼓勵的話。一名清潔人員重新排列昏迷病患牆上的圖片，理由是改變一下周遭環境，或許能帶來正面效果。

珍和艾美繼續做研究，發明了「工作塑造」（job crafting）這個詞彙來解釋自己看到的東西。「工作塑造」的基本說明如下：人們通常會延伸自己目前的工作期望（或職務內容），以配合他們想讓事情不同的渴望。艾美表示：「我們常被困住，把自己的工作想成一張待辦清單，以及一張責任清單。然而如果暫時拋開那種心態呢？如果能調整你做的事，你會開始和誰說話，做哪些其他工作，你會和誰一起工作？」

換句話說，工作塑造者會做被期待的事（因為那是要求），接著還會想出方法，讓自己的工作有新意。

加上令人開心的事。加上施與受雙方都得到好處的事。

珍告訴我們：「因此我們開始研究醫院每一個人，包括清潔

人員、工務員與廚師。接觸各式各樣工作時，會看見人們改變自己的工作職責範圍，讓自己的工作更具意義。」

　　但「意義」是指什麼？

　　珍解釋：「我們研究的突破，在於發現以他人為中心活動的重要性。人們重塑工作時，不只讓自己的生活變得更美好，還以他人能夠受惠的方式服務他人。」對於這種最終結果的看重，在當時與現在都很重要。珍表示：「學術界的人被教導動機理論（motivation theory），一般來說多半以自利角度出發，然而愈來愈多心理學家表示，從基本層面來說，我們或許會關心自身利益，但我們的天性也讓我們想連結他人、服務他人。」我們想利己，也想利他。

　　工作塑造的基本精神是同時帶來造福「我」和「我們」的結果。賈斯汀‧伯格（Justin Berg）是珍的學生，協助她做過許多研究。賈斯汀告訴我們：「一般而言，工作的設計不太能讓人體驗到意義。工作通常高度官僚主義，而且是一體適用。就連我們溝通工作的方式都有點無聊與沈悶，只是一張工作職責清單。有意義的工作通常是由下而上，從顯現出自發性的員工開始，他們塑造工作，自己打造工作，並尋求得到意義與滿足感的機會。那樣的機會，通常涉及造福他人。」

　　你怎麼看自己？我怎麼看自己？我們被我們的職務說明定義

嗎？也或者不只那樣？比那崇高？

賈斯汀和幾位同仁在《組織科學》（*Organization Science*）期刊一篇 2010 年的研究，找出幾種人們塑造工作的明確方法。那些方法讓人們因此更有成就感，更有動力去做事，工作也變得更具意義。我們研究因為做了傑出工作而得到獎勵的人，而賈斯汀等人的研究，證實了我們的發現。其中一項工作塑造技巧特別突出，因為幾乎在每一次的傑出工作訪談，都會聽到這個技巧。賈斯汀的團隊稱之為「重新框架」（reframing）。

## 摩西重新框架自己的角色

當艾德開始把自己視為有好點子的行銷顧問，而不是卑微的電台業務，他就是在重新框架。當我們在心裡把自己的工作，連結更崇高的目的，就是在重新框架：我們的工作會帶來社會益處、社會價值、以及可以讓事情不同的潛在可能。接著我們依據那個新觀點行動，想著工作能替他人帶來的好處，讓自己超越每日的待辦事項，以幫助我們改變做事的方法，為工作帶來意義。幾乎所有的職業都能以這樣的方式重新框架，只需要做一點小小的努力，想著能因為我們的工作而受惠的人，讓思考超越待辦清單。

有時看見不同的最佳方式，是透過受惠者的眼睛看事情。那就是為什麼我們和明蒂（Mindi）聊她的家人在費城一家醫院碰到的工友。

　　我們無法想像家有重病兒的家長感受。世界停止運轉，你願意做任何事來救孩子。

　　明蒂與邁特（Matt）懂那種感覺。他們的兒子麥肯（McKay）天生只有半顆心臟。一般人的心臟有四個腔室，麥肯只有兩個。更糟的是，他的心肺不相連，一出生就得立刻動手術，否則無法存活。麥肯 18 個月大、第二次動手術後，皮膚依舊呈現藍色，而且隨時隨地都得戴著氧氣罩。不過他愈來愈健康，生長速度超過所有人的預期。接著麥肯即將動最關鍵的第三次手術時，不幸降臨。這家人信任的外科醫師，罹患極具侵略性的癌症。那位醫生在診斷結果出爐那天，便離開工作崗位，和家人度過人生剩下的幾個月。

　　明蒂與邁特找遍全美的外科醫生後，帶著麥肯飛到費城。麥肯撐過救命手術，狀況良好，然而復原是一條漫漫長路。明蒂解釋：「麥肯小小的胸腔努力排出液體，需要 24 小時的重症照護。」明蒂試圖安撫麥肯，讓他休息，然而每當他終於要睡著了，就會有人走進來檢查手術切口，強迫餵食藥物或抽血。有時穿著深藍色醫院服的工友會打擾他們的安寧，只為了清垃圾桶。漸漸地每當有人敲門，麥肯就開始嗚咽。

　　明蒂說：「你很快就能依據敲門聲，判斷是誰在病房外頭。醫生和護士會輕輕敲，安靜走進來，但有時清潔人員會非常大聲，

用力猛敲。」每次清潔人員進房間時，麥肯的小嘴就會開始顫抖，驚慌地看著自己的父母。清潔人員會衝到他床邊，抓起垃圾桶，發出各種噪音清理房間，讓他們一家人完全睡不著，精疲力竭。被打擾一個週末後，邁特和明蒂受夠了，他們決定守在門邊，不讓人打擾自己的孩子。

隔天早上，他們聽見輕柔敲門聲。邁特開門時，他和明蒂驚訝地發現門外推著推車、穿著深藍色醫院服的男人講話非常輕聲細語。兩人很疑惑，他們從來沒聽過清潔人員的敲門聲這麼輕。

那名清潔人員說：「早安，我是摩西，我來這裡協助你們迎接這一天。我能進去嗎？」邁特和明蒂飛快互看一眼，回答：「當然可以」。

摩西沒有衝進門清空垃圾桶，而是做了一個非常小、但非常重要的動作──他站在床邊，對著麥肯自我介紹：「嗨，我是摩西，我來讓事情變好。」這對明蒂來說意義重大，因為這是四天以來，除了她和邁特之外，第一次有人和麥肯說話，把他當成小孩。對其他人來說，他是個病患，或是一件工作，一個麻煩。但對摩西來說，麥肯是個人。麥肯明顯鎮定下來，肩膀放鬆，嘴脣不再顫抖。接著摩西輕步移動，緩緩走到床邊拿起垃圾桶，把垃圾倒進推車。

摩西一邊在房間裡做自己的工作，一邊開始講解燈光、陽光

還有清潔的小智慧。他告訴麥肯：「摩西是來幫你的，摩西是來讓一切事情變得更好。你每一分鐘都在變強壯，對不對？你得忘掉昨天，今天是新的一天。」他緩緩打開窗簾，讓剛剛好的光線照進室內，接著和進來的時候一樣，輕手輕腳離開。

從那時起，邁特、明蒂和麥肯開始期待摩西一天兩次的造訪。他變成被信任的朋友與知己。明蒂告訴醫生麥肯玩了 10 分鐘時，醫生可能會說：「非常好，明天試著玩 20 分鐘。」但她告訴摩西同樣的資訊時，他會說：「所以你們去了遊戲室？麥肯是自己走過去的嗎？太好了！一旦孩子開始玩，他們很快就能回家。」

摩西似乎直覺就能了解這家人的情緒——因為他就是他。他似乎和你很合，而且具有很強的觀察能力，明蒂一家人覺得自己能信任他。明蒂說：「醫生似乎仰賴各種我們看不到或看不懂的數據，一堆圖表、掃描還有監測器。然而身為父母的我們，只看著簡單、表現在外在的東西。他能坐起來嗎？他能走路嗎？他能吃東西了嗎？」邁特和明蒂會看見一些小改變，認為那可能是進步，但他們沒有年復一年觀察數百重症孩童的經驗，無法確定自己是否正確。「我們急切需要有人幫我們確認兒子有進步，摩西提供了那樣的東西。」

摩西工作做得很好，有效率，永遠都忙著清潔病房。然而在此同時，他也能讀懂家屬的情緒。他從不做醫療診斷，也不會踰越自己的身份，但他分享非常多實用、屬於常識的智慧。他的智

慧來自幫助過數百個經歷外科手術的家庭。他會證實好跡象：「你今天坐起來了，真是乖孩子。」他提供了鼓勵：「你很勇敢，你很強壯，你做得到。」給實用的建議：「之前很痛，但你現在快要好了。你的身體想要那樣。多休息，讓身體自己復原。」

邁特和明蒂期待他的造訪，他讓病房變乾淨，且帶來希望。

他們搭上長途飛機回家時，麥肯這輩子第一次變成一個普通的小男孩，不用隨身攜帶氧氣瓶，也不用插管，只是一個正常、其他乘客希望他會乖乖在母親懷裡睡覺的 2 歲孩子。邁特和明蒂精疲力竭但感恩地坐進座位，開始在心中擬定感謝函清單。絕對得寄給救了麥肯一命的外科醫生，但明蒂第一個想到的人是摩西，她把第一張卡片寄給了他。

摩西是個好工友，但他在工作中多加了一些東西——超乎他工作職責的東西，讓事情不同。他不只是一名清潔人員，他對醫院使命做出重大個人貢獻：提供希望。他有更為崇高的目標——不只是讓病房保持整潔，而的確也顯現出效果。摩西發揮天生的才能（纖細的情感），以及自己的實用智慧（來自多年的醫院經驗），將兩者結合成強大的病患與家屬支持，改變了明蒂、邁特與小麥肯的重症照護經驗。

明蒂後來告訴我們：「我認為差別在於你工作時是低著頭或抬起頭。你需要看著周遭每一件事，讓自己的眼睛看見可能性。

如果你看到你的工作是如何影響他人，看見人際關係是如何運作，看見其他人想要什麼、需要什麼，你將看見只是照章行事時看不見的東西。」

重新框架你的角色就是那樣：思考你的工作如何影響他人，著眼於工作更崇高的目的，以及因你的工作受惠的人，把自己看成可能帶來不同的人。

請造訪 greatwork.com，**觀賞明蒂分享的麥肯與摩西故事影**片。

# 從手上現有東西做起

「好」是「傑出」的基礎。

　　在今日的職場，人們常認為「好」是「傑出」的敵人——致力於做好本份工作，不知怎麼的，會使我們永遠無法達到傑出。但事實上，做好本份工作有其一席之地，不可或缺。好的工作表現經過證實、驗證與測試，為人知曉、穩定又實在。我們需要做好大量的本份工作，只為了讓世界順利運轉，帶來利潤。最重要的是，好的工作表現是加進「傑出」元素的起點。

　　任舉一個真正傑出的產品或服務。如果你仔細看，你會發現傑出的成就，站在做好工作的肩膀上；我們熱愛的人類創新，來自歷史的長期交織，從「好」變成「傑出」，又變成「好」，又變成「傑出」。進步的韻律就是那樣；改變也是一樣；創新也是一樣。20世紀首屆一指的思想家卡爾・薩根（Carl Sagan）說過：「如果你要從零開始做蘋果派，你得先創造宇宙。」換句話說，首先要先存在好的元素（蘋果、小麥、肉桂、糖），否則不可能出現蘋果派。因此在任何傑出工作計劃的開頭，我們手中握有的元素是我們的朋友。因為好不是傑出的敵人。好是根基，傑出來自這

樣的根基。

換句話說,得獎的員工並非從零開始有傑出的工作表現。讓事情不同本身就是一種讓好變得更好的技巧。這是一種微調、改善與去蕪存菁,而不是從零開始。喜劇演員席德・西澤（Sid Caesar）說過:「發明第一個輪子的人是傻子,發明其他三個輪子的人是天才。」

我們全都可以當那樣的天才。史期普・豪滋沒有帶著拆房子的大鐵球抵達紐康布中央學校,試著蓋出比較小的建築物,以配合小鎮正在衰退的人口,而是從現有的好東西做起──建築物、桌子、椅子、書籍、行政人員、教師以及社區,然後加進國際學生這個新元素。艾德沒有重新打造電台節目,也沒有改變廣告費率。他用電台原本就提供的東西,讓食品批發商變成忠誠客戶。摩西依舊是個工友,但他加進感同身受的元素,成為治療團隊的珍貴成員。

有時我們會覺得自己的工作綁手綁腳,這是很自然的一件事,然而與其把那些束縛看成限制,也可以把它們視為讓事情不同的起點。當我們以那樣的方式看著限制時,就會讓生活變得有趣。

如同馬丁・庫珀（Marty Cooper,本書受訪者,後面的章節將提到他）告訴我們的話:「超越職責時會感受到的感覺,對我非常重要。如果你的態度被周遭環境限制,是你對自己不公平。一

個人能夠做到的事，遠超過他人的期待。做獨特的事，做超越所有人要求的事，將會帶來樂趣，且應該能鼓舞每一個人。」

## 泰德以少做多

今日的童書寫作與無聊、無意義的工作完全沾不上邊。事實上，那是許多人夢寐以求的工作。只要想想名人的例子就知道。他們有餘裕做任何自己喜歡的工作，而許多人試著寫童書。歌手巴布‧狄倫（Bob Dylan）、演員史提夫‧馬丁（Steve Martin）、演員茱莉‧安德魯絲（Julie Andrews）、演員比利‧克里斯托（Billy Crystal）、主播凱蒂‧庫瑞克（Katie Couric）、偶像小賈斯汀（Justin Bieber）、美國總統歐巴馬（Barack Obama）只是其中幾例，好幾百位名人都利用自己的名氣成為童書作者。

然而童書並非向來如此。1950 年代時，兒童文學充斥這樣的句子：「看，珍，看！看小花，看小花跑！」

1954 年時，《生活》（*Life*）雜誌刊出一篇文章，標題是〈為什麼強尼的閱讀能力有問題〉（Why Johnny Can't Read）。作者約翰‧赫西（John Hersey）指出，多數學校依賴的「迪克與珍」（Dick and Jane）系列童書實在太無聊，書裡沒有真正的故事——只有孩童的插圖，以及不斷重複的簡單句子。那樣的書教閱讀時，靠的是字詞背誦，而不是拼音（能念出新單字的能力）。但事情不全是可憐的「迪克與珍」的錯。許多出版社也推出自家的「迪克與

珍」，包括「珍奈特與約翰」（Janet and John）、「彼得與珍」（Peter and Jane）、「螞蟻與蜜蜂」（Ant and Bee）、「珍奈特與馬克」（Janet and Mark），是真的！那些書全長得一模一樣，聽起來也一樣，走到哪都是一樣的東西。寫這種書還有幫這種書畫插圖，當然不是什麼令人羨慕的工作。寫，珍奈特，寫。寫，寫，寫；畫，馬克，畫。畫，畫，畫。

必須有人打破這個模式，讓事情不同。

那個站出來的人受到威廉・斯柏汀（William Spaulding）啟發。威廉是霍頓米夫林出版社（Houghton Mifflin）教育部門主管，他讀了《生活》雜誌〈為什麼強尼的閱讀能力有問題〉那篇文章，決定做點事，所以他請插畫家朋友泰德（Ted）吃晚餐，給他一項挑戰：「用每個 6 歲小朋友都知道的 225 個單字，替我寫出每個 1 年級學生都捨不得放下的故事」。

那樣的限制帶來什麼樣的結果？

泰德是有才華的藝術家，已經出過幾本童書，但尚未在兒童文學界留下重大影響。當時他比較有名的作品是替福特、NBC 以及標準石油（Standard Oil）畫過的幾幅廣告卡通，但他覺得這是一個重新思考圖畫書的機會，可以讓那樣的書變得有趣又充滿可能性，而且是值得花時間、心力與精神的東西。

　　一開始的時候，泰德以為自己可以不費吹灰之力，就完成一本這樣的書，然而他的完美主義開始發威，他想讓事情不同。他花了一年半時間，絞盡腦汁想著初學者認識的字彙表。大部份的單字都只有一兩個音節，沒有太多動詞。這項任務變成一項使命。泰德接受單字表的限制，但他也堅持創造出好作品。他回想自己會想出一個好點子，接著沮喪發現有限的字彙表讓他無法表達。泰德回想：「我讀了三遍字彙表，快要抓狂。後來我告訴自己：『再看一遍，如果能找到兩個押韻的字，就那樣寫。』」

　　幸運的是，那兩個字是「貓」（cat）和「帽」（hat）。

　　泰德・蓋索（Ted Geisel），也就是大家熟悉的「蘇斯博士」（Dr. Seuss），1957 年出版《戴帽子的貓》（*The Cat in the Hat*）時，兒童文學急轉直「上」。那是第一本不以高人一等的態度，對孩子說話的成功童書。裡面有滑稽的插畫、幽默、諷刺、押韻、角色發展，還有故事情節。有緊張的時刻，也有圓滿大結局。書裡的貓挑戰權威，故事裡的孩子學到教訓，情節荒謬、古怪、出乎意料，沒有迪克用推車載小花的溫馨圖片，也沒有其他陳腔濫調；只有一隻戴著禮帽的貓，一條自以為無所不知、斥責他人的魚，以及兩個把一切事情弄得一團糟的藍髮「東西」（Things）。那是一本不同的書。

　　而孩子和家長愛那本書。

　　《紐約時報》的書評表示：「入門讀者以及幫助他們閱讀乏味『迪克與珍』及其他初級讀物角色的父母，一定會得到愉快驚喜。」口耳相傳之下，家長大量購買，《戴帽子的貓》立刻成為暢銷書。孩子不是被迫讀這本書，而是求大人讓他們讀。孩子把這本書帶到床上，數百萬本被銷到家庭裡，學校很快跟進。

　　這本書不只讓蘇斯博士成為家喻戶曉的人物，還掀起早期閱讀教材革命，協助提倡以拼音法帶動閱讀，取代死背，還讓那些早期的無聊讀物漸漸被淘汰。再見了，迪克與珍。哈囉，貓。

　　225 個單字的限制被擺在眼前時，泰德畫圖、念韻文與創作卡通等先前的經驗，幫助他改造了兒童文學。然而想像一下，如果當初泰德把威廉的挑戰，只當成另一項有不合理限制、必須匆促完成的工作；如果當初他沒有看到新的可能性；如果當機會降臨時，他心中並未想著讓事情不同，這世界將損失什麼？

　　《戴帽子的貓》成功五年後，另一個出版社朋友和蘇斯博士打賭 50 美元，說他無法用 50 個以下單字，成功寫出初學者書籍。蘇斯博士接受這個打賭，接受這個挑戰，寫出《綠蛋和火腿》（*Green Eggs and Ham*）。

　　或許我們不會全都和蘇斯博士一樣，帶來影響如此深遠的不同。此處的重點是世界上有各式各樣充滿驚喜的可能性，而它們都源自我們手中的事。

# 把限制化為行動

　　建築師法蘭克・蓋瑞（Frank Gehry）最著名的作品，包括西班牙畢爾包古根漢美術館（Guggenheim Museum in Bilbao），以及洛杉磯迪士尼音樂廳（Disney Concert Hall）。他與世人分享現實的限制正是傑出工作的基本元素。舉例來說，迪士尼音樂廳音響效果的嚴格標準，帶來建築物獨特的內部空間設計，而那又帶來包覆住內部的優美翱翔鋼鐵外觀。蓋瑞談到某次有人請他在毫無限制的情況下設計房子，他感到無所適從。他說：「那是一段恐怖的時間，我必須一直看著鏡子。我是誰？為什麼我要做這件事？這究竟是為了什麼？」蓋瑞認為最好有某些問題需要解決，「讓我可以把那些限制化為行動」。

　　我們非常喜歡蓋瑞說的這段話：限制其實提供了能夠動工的素材，提供了一個起點。沒有限制，事情無法發生。如果你曾經因為專案的限制，感到綁手綁腳，不要忘了，要做出傑出工作，只需要一些基本元素。大自然的每一個顏色，都來自紅、黃、藍三原色而已，混在一起，就能創造出數百萬組合。西方每一首流行歌、交響樂、廣告歌、小曲與詠嘆調，都來自 12 個半音。地球上的萬事萬物，包括人類，都來自 118 個已知化學元素。

　　你知道光是 6 個 8 孔樂高積木，就能創造出多少組合嗎？

　　你可以做一點小學數學，猜一共有 48 種組合，也或者是幾千

種。有些人甚至會猜測瘋狂的幾十萬種。然而依據 howthingswork.com 的說法，6 個 8 孔普通樂高積木，能以 9 億多種方式被組合在一起。

那樣的可能性聽起來如何？

本書所訪問的人士，每一個人都找出方法做自己手中的事，帶來人們喜愛的不同。讓我們學到永遠可以加進新意。世上有太多沒人嘗試過的組合，太多途徑等著被人探索，太多可以塑造、增進與改善工作的方法。好消息是我們不必「無中生有」，就有機會讓已經存在的東西變得更好。

接下來就要介紹〈傑出工作研究〉最令人振奮的結果：所有人都能加以利用、帶來人們熱愛的不同的 5 種改變配方。

**6 個樂高積木可以有天文數字的組合，其數學原理請見** greatwork.com。

# GREAT
# WORK

HOW TO MAKE
A DIFFERENCE PEOPLE
LOVE

PART 2

帶來不同的人
做些什麼

# 問對問題

傑出工作始於花時間問——是否有會讓這個世界喜歡的新事物？

　　愛因斯坦曾說：「如果我有 1 小時解決 1 個問題，而且我的命就靠它了，我會用頭 55 分鐘，決定要問的正確問題是什麼，因為一旦我知道正確的問題，我就能在 5 分鐘內解出來。」

　　我們一頭鑽進數百萬得獎工作的樣本之前，一開始也是這樣。讓事情不同的人和愛因斯坦一樣，不會不管三七二十一，直接跑去完成所有被交到他們手上的任務，而會停下來問正確問題——不論要花多短或多長時間。

　　如果目標是達成傑出工作，雖然不同的人會用不同的說法表達，那個問題顯然是在問同一件事：「人們喜歡什麼？」

　　的確，全世界令人驚喜的傑出工作，大多始於某個地方的某個人，停下來思考讓人開心的新方法。可能沒有人要他們那麼做，也或者還沒有人想到那些事。這些人不會小題大做，只是停下來思考被交給自己的任務或工作，是否可能是傑出工作的契機——

或許那是一個機會，讓人可以創造出新東西、更好的東西、別人會感激的東西。最後的結果是「好」工作，還是「傑出」工作，就要看這個貌似簡單的第一步。

我們遇上小型車禍時，第一個念頭通常是：「噢，這下可好；現在得和保險公司打交道。」然而打電話給保險公司時，如果碰到真心想提供協助的人員，可能會令人驚喜。如果幸運的話，我們甚至可能遇到從羅伯（Rob）身上學到如何幫助別人的人。

羅伯是哈特福德保險公司（The Hartford）的客服中心經理，他所帶領的團隊負責車禍的保險理賠。這個團隊 1 個月大約要處理 4,500 件理賠。處理這數千件理賠時，他們必須面對客戶激動的情緒，還得依循政府法規，以及公司的標準做法，這不是一件簡單的任務。在保險的世界，尚待解決的理賠堆積如山，員工士氣低落，流動率節節攀高，客戶滿意度下滑，都不是稀奇現象。就連最優秀的保險公司都會發生這種事。然而哈特福德保險公司不容許這種事，羅伯也不容許這種事。羅伯是理賠部門經理，他看著不太理想的生產力報告，選擇問對問題：他的團隊、他的公司、他的客戶喜歡什麼？

羅伯和我們分享，一開始他先問：「我們要如何做得更好？我們如何能減少尚未處理完畢的理賠案件，提振員工士氣、留住員工，並讓我們的客戶安心？我們如何能用最快、最有效率的方式，讓客戶回到車禍發生前的生活？」

　　一天早上，羅伯和平常一樣通勤到鳳凰城（Phoenix）。他正在思考以上問題時，電台播放的一則故事引起他的注意。談話節目主持人正在訪問一名地圖專家，請教這位負責繪製地圖的人士「劉易斯與克拉克遠征（Lewis and Clark expedition）」的故事（譯註：19世紀初美國政府發起的北美橫貫考察計劃）。地圖專家提到一個拉丁詞彙「terra incognita」（意指「未知的領域」）時，羅伯心中深有同感。他發現自己的團隊在尋找的東西，正是「未知的領域」。他們必須把目光放遠，超越目前的理賠解決方式，找出更好、尚未被探索的道路。羅伯說：「我發現我們的團隊不知道自己不知道什麼。那才是真正的問題。我們的絆腳石是熟悉的領域，而解決方案是未知的領域。」

　　本書稍後的章節，將探討羅伯團隊採取哪些步驟，讓保險理賠變成更理想的經驗。本節重點則是留意羅伯的關鍵思考轉折：他從著眼於熟悉的事物，變成著眼於未知領域。從只是按照規矩完成手邊的工作，變成停下來好奇人們會喜歡什麼樣的轉變。我們在〈傑出工作研究〉中，看到許多這種特定思考方式令人振奮的證據。如果你比較100個像羅伯這種改變全局的工作範例，那種最終的成果令人欣喜的工作，會發現在那類案例中，100個有88個案主花時間思考人們可能喜歡什麼。

　　羅伯說：「從領導者的角度而言，沒有什麼比看到員工如機器人般工作還令人沮喪。當我們鼓勵彼此讓事情變得更好時，就

能夠得到更多、更多東西。」

## 停下腳步的智慧

　　問對問題不需要任何特殊訓練，也不需要高智商。事實上，問人們可能喜歡什麼時，唯一真正需要的資源是時間。並不一定需要漫長的時間，有時候只要一兩下子就可以，暫停一下。用足夠的時間，思考是否能用更好、更快或更酷的方式做一件事。大部份的人做事匆匆忙忙，只想做到「夠好」就好，沒有更遠大的目標。人們喜歡讓事情不同，但就是沒有足夠的時間，或者是表面上沒空。

　　約拿（Jonah）和朋友愛芮兒（Arielle）、傑森（Jason）交情很好，他們都想創業，會定期出去吃東西、喝飲料、聊天，拋出或許可行的創業點子。有一次，他們開襪子的玩笑。故事裡那隻孤獨襪子的另一半，消失在烘衣機裡：多數人都曾碰上這種神秘現象。其中一人開玩笑：「我們來賣不成對的襪子好了。」三個人同時大笑，接著就開始聊下一個主題，吃了更多東西，開了更多玩笑。那天晚上散會時，相較於上一次碰面，他們依舊沒有朝著酷炫的開業點子更邁進一步。

　　除了約拿。

　　那天晚上，以及接下來的許多晚上，他睡不好。他躺在床上，

人醒著，想著尋找另一半的孤獨襪子。

那時約拿做的事正是停下來，花時間聆聽內心給他的線索：他的直覺、他的洞察力，以及好奇心。他就是一直想到那隻孤單的襪子。

他輾轉難眠。他翻來覆去。點子嗡嗡作響。可能性冒了出來。

約拿突然在心中看見一個角色，一個他將命名為「搭配小姐」（Little Miss Matched）的角色。她將讓少女有機會表現自我。

2004 年時，約拿和朋友成立「搭配小姐公司」（LittleMiss Matched Inc.），他們的第一項產品是一系列女孩的不成對襪子，三隻一組，口號是：「不成對但怎麼配都可以」（Nothing matches, but anything goes.）。今日這間公司已經拓展到衣服、配件、睡衣、寢具、傢俱、書籍，以及其他商品。搭配小姐公司的創業願景很簡單：「打造一個有趣、激發創意、擁抱個人風格、讚揚自我表達的品牌。」

這個傑出創業點子最引人注目之處，不在於那是三五好友聊天時隨意拋出的東西，而在於約拿真的停下夠長時間，傾聽心中揮之不去的感覺。他思考年輕女孩對於靠著穿不成對的襪子表達個人風格，可能有什麼樣的反應。他推敲那是否可能會是她們喜歡的東西。雖然約拿和朋友尋找的好點子，開頭是一個玩笑，但

他讓那個點子有時間發酵。誰都知道襪子就是要成雙成對，這種如同真理般被人覺得就該如此的「好」點子，其實可以轉個彎，變成三隻不成對襪子的「傑出」點子。這個有力的例子讓我們看見「暫停」的智慧。

正如約拿躺在床上，想著一隻孤單襪子的畫面，正如艾德開著金龜車到處跑，想著如何協助食品中盤商讓罐頭食品刊登電台廣告，正如史期普・豪滋想著如何挽救阿迪朗達克即將消失的學校，正如每一個目前為止我們分享的「傑出工作」故事，讓事情不同的人會定期停下來，質疑現況，醞釀一些初步的直覺，想出需要改善什麼，才能讓事情不同。世界上必須有「好」工作，然而做好工作時，我們將心力放在執行以及得出結果，「傑出」工作則讓我們專注於替他人謀福利。當然那值得我們挪出一點時間。

## 問一下不會有損失

想一想每天都得做的事。不用說，待辦事項塞滿專案、流程、責任與最後期限。我們是好的工作者，會跳進去，一步一步努力達成，接著明天做一模一樣的事，後天也是，大後天也是。這值得欽佩，而且也是必要的。是的，公司要求我們這麼做，然而公司也需要我們成為帶來不同的人。

幸運的是，這世界有很多停下來問問題的人。事實上，如果你想一想，日常使用的每一樣東西——每一項產品、服務或物

品——這些東西的出現，源自於有人質疑現況，思考人們可能喜歡什麼樣的新改善。看一看你的四周。不論你人在哪，看一看你身邊的東西。每一樣東西，以及那樣東西的每一樣成分，一開始之所以能夠出現，是因為有某個人質疑一般做法，他們跳脫陳腐的思考，讓現有的東西，變成更好的東西。電燈開關、吹風機、飲水機、椅子、枕頭、吐司機、窗簾桿、有潔白效果的牙膏，全都始於某個人問對問題。然而這個原則不只適用於實體產品。其他每一樣東西，包括停車服務、壽險、投資銀行、瑜伽、沉浸式芬蘭文學習法，全都始於「怎麼會……？」「如果說……？」「為什麼不這樣做……？」

如果問對問題，但想不出什麼改善的好點子，不會損失什麼。我們永遠可以和平常一樣投入工作，不會有缺憾。重要的是不要假設「好」已經夠好，因為即使是做得夠好的事，也永遠能找出方法精益求精。此外，關於人們可能喜歡什麼，你的獨特觀點也值得被提出。第一，你可能找到只有你能找到的答案。第二，如果你不問正確問題，誰會問？

## 孩子也做得到

時間是 1944 年。藍德（Land）一家人在新墨西哥州度假，他們造訪觀光景點，拍下照片。3 歲大的珍妮佛（Jennifer）問了一件困擾她的事。父親艾德溫（Edwin）回想：「我記得那是新墨西哥聖塔菲（Santa Fe）晴朗的一天，我的小女兒問，為什麼她不能

馬上看到我幫她拍的照片。」艾德溫向小女孩解釋，那是因為必須在一個叫暗房的特殊地方沖洗照片，然後把底片印在特殊的紙上。對 3 歲小孩而言，那個解釋是聽不懂的叭啦叭啦叭啦。

　　我們全都以各自的方式做這種事：對著質疑為什麼理應如此的人，解釋為什麼事情是這樣。就好像目前的解決方法是某種必然的結論，就是這樣，不能改變。感謝老天，珍妮佛是一個意志堅定的小孩，她不滿意老爸的答案。依舊想知道：「為什麼我不能現在就看到照片？」這個生悶氣的小孩讓艾德溫開始思考，「我在那個迷人的鎮上散步時，就開始解決她帶給我的難題。」3 年後，相機、底片與物理化學被集合在一起，艾德溫與拍立得公司（Polaroid）把「立得」（instant）這個概念引進攝影的世界。接下來發生的故事，有一定年紀的讀者可能都知道了：拍立得藍德相機（Polaroid Land Camera）讓攝影對每個人來說，都變成一件簡單又快速的事；家家戶戶都有一台，數十年不衰。艾德溫帶來的不同，立刻以身份證、護照照片、超音波照、民間藝術以及警方調查等各式形式，從家庭生活被帶到工作生活。就連你手機裡的數位相機，雖然不是艾德溫發明的，也帶有他的「立得」概念。

　　我們停下來問對問題時，點子和機會將以驚人方式現身。以艾德溫・藍德為例，在一個偶然的時刻，女兒珍妮佛的問題和他的專業知識產生交集，讓事情不同的機會就此誕生。艾德溫是回答小珍妮佛問題的完美人選。他是發明家及自學的物理學家，知道一些光與化學的事。艾德溫團隊當時和一群年輕科學家合作，

已經替太陽眼鏡、電影放映機與防眩光車前燈、製造出第一批濾光片（polarizing light filter）。艾德溫解釋拍立得相機的發展史時表示：「就好像替學習製作偏光鏡所做的一切……都是一所學校和一種準備，我突然間知道，如何做到一步完成的快乾照相程序。接下來的三年，我們讓這個非常鮮明的夢想，變成碰觸得到的現實。」

艾德溫是獨一無二的艾德溫，這點毋庸置疑。出乎意料的事降臨到身上時，他抓住只有擁有他的經驗技術的人，才看得到的機會，他並把握契機努力工作。這是讓事情不同的絕佳範例。

帶來不同的人會質疑標準做法。挑戰例行公事，與傳統背道而馳；對「一如往常」沒有太大興趣，因為他們比較喜歡「把職責當成一種讓事情變酷的工具」；會問有深度的問題——不尋常、坦率、一針見血、引發討論、難倒眾人、令人百思不得其解、推著人們向前的問題，以及只有傑出工作能回答的問題。

如同小珍妮佛好奇為什麼不能馬上看到照片，帶來傑出工作的問題，乍看之下可能十分明顯。我們都體會過那樣的感覺：「為什麼我沒想到那個？」（或是更糟的「嘿，那是我的點子。」）那證明了我們永遠都在質疑事情，不論我們是否自覺。一天之中有多少次，你在心中記下發生在生活周遭，想稍後處理的事——二流的東西、有問題的東西、壞掉的東西，以及你會以不同方式做的事？每當你想著：「一定有更好的方法時」，有多少次你希

望自己有錢，或者是有專利、有天使投資人？

　　事實上，你已經有了必要技能，唯一要做的就是重視自己心中的點子；認真看待它，以求帶來轉變；用心傾聽自己的意見、懷疑與觀察。我們可以保證，只要這麼做，你將開啟新鮮思考、時機剛好的解決方案以及熱誠，也就是尋求不同時，可以帶來啟發的驚人元素。

## 3 種常見的出發點

　　如果你需要一點「問對問題」的協助，以下是 3 種常見的起點。那不是規則，也不是步驟，比較隨意，只是讓你開始產生傑出工作創意泉源的點子。你可以採用它們，也可以放在一旁，發明自己的方法。重點是好好享受一下——讓自己的好奇心恣意而行，像是在遊玩，想一想人們可能喜歡什麼。這些起點的最終目標是幫助我們跳脫平日的思考，質疑傳統的做事方法，靠直覺想出可以做的改善。

### 起點 1：著手解決一個問題

　　我們身邊充滿不太完美的東西：可能是產品，可能是流程，可能是服務；或許你公司的銷售成績不佳，也或許你的客戶感到不滿意；可能某一位團隊成員缺乏績效，也或者某個流程無法發揮作用。不論是什麼東西有缺陷、出了問題、令人生氣，或是以

其他方式拖累生產力，花一點時間問對問題。比較酷、比較好、讓人比較開心的東西會是什麼？以及或許最重要的是什麼東西將令人出乎意料？讓我們壓力破表的事，通常充滿讓事情不同的機會。當你開始把問題，看成寫著「傑出工作的可能性在這裡，此處轉彎」的路標，你就走對路了。

麥克（Mike）碰上一個問題。他工作的「指月電機」（Shizuki Electric）在墨西哥瓜達拉哈拉（Guadalajara），蓋了一間採行最新技術的製造廠，然而工廠開張的頭兩年，一直無法讓員工待超過 60 至 90 天。這對任何公司來說，都是令人坐立難安的窘境。但對指月來說，更是特別令人氣餒，因為新工廠提供了員工想要的一切。工資高於平均，園區內外都令人驚豔，工廠提供自助餐廳、還有醫生駐紮，也提供通勤的交通工具，每週還有雜貨津貼，以及英語、空手道與烹飪課程。相較於那一帶的其他工廠，沒有比那還誘人的工作環境（事實上還勝過公司的美國廠）。多數員工是年輕女性——17 到 22 歲、單身、住在家裡、幫忙養家。好工作很搶手，而且家裡絕對需要那筆錢。然而就好像被定時一樣，每過 60 至 90 天，新來的員工就會辭職。

指月是製造小型電容器的公司——幾乎是我們使用的每一個電子裝置，內部都有的能量儲存裝置。如果一粒灰塵就能毀了一個電容器，你可以想像一點點的不熟練會發生什麼事。由於離職率很高，每一件事都受影響：製造、測試、包裝、出貨、成本、品質、交貨。當時的副總裁兼總經理麥克回憶：「年輕女性待得

不夠久，無法得到完整訓練並學會技術，也無法熟悉流程。工廠員工永遠是新手，剛訓練完人又走了。」

麥克團隊實在無計可施，他們甚至跑去向同一區的鄰近工廠請教，問是否也遭遇相同的困難，結果別人也是一樣。其他工廠的建議是堅持下去，大概要整整八、九年時間，才能培養出固定的員工班底。然而指月沒有八、九年時間，公司必須解決這個問題，否則就得關廠。

麥克團隊研究這個問題數月，試圖找出為什麼公司留不住這些年輕女性。「是公司主管的問題嗎？是糾紛處理得不好嗎？需要更多獎金與福利嗎？還是需要更好的訓練制度？」這個問題令團隊百思不得其解，接著他們靈光一閃：「或許我們根本是在不知道究竟是那裡出問題的情況下，試圖猜出解決方案。會不會不是我們做錯了什麼？或許有什麼這些年輕女性想從工作中得到的東西，但我們不懂。」

就是這樣：停下來問對問題。

麥克團隊誠心誠意想解決問題，但陷在舊的解決方案。他們決定真正去了解員工的需求。在那一刻，每一件事都有了轉變。突然之間，他們開始以更開放的心態去思考，更專心去聆聽，並且搜集新資訊。關注的焦點從解決某種假設性的公司缺點，變成年輕女性工作時的體驗。麥克團隊得知的事令人嚇一跳：「工廠

裡大部份的女性其實熱愛她們的工作。」麥克表示：「有些人說替指月工作是她們這輩子最好的工作。但之所以一再離職，是因為只要一賺到錢，家庭責任就會要她們回家。」

啊哈，原來如此。指月碰到的離職問題，用全世界所有的標準忠誠計劃都解決不了。問題不在於工資，而在於傳統。每一個年輕女性會工作 60 到 90 天，存到一筆錢就離職，回去履行家庭義務：幫忙洗衣、煮飯、照顧年幼弟妹。家裡需要錢的時候，這個模式就會再度重複。對這些年輕女性而言，這是一種生活方式。

結果雖然是麥克團隊得對抗根深蒂固的文化傳統，但靠著問對問題，他們幫自己開啟了各式各樣新的可能性。他們把這件事放在心上，又多請教了一些人，到處問人，想知道有什麼辦法可以影響這些年輕女性，讓她們工作 8 週後拒絕回家。

答案是什麼？社交生活。

是不是很明顯？為了待在約會對象身邊，這些年輕女性全都會留下來工作。

表面上看起來，那似乎超出公司的管轄範圍，但如果你的工作是做讓人們喜歡的事，那就不同了。麥克團隊更進一步深入了解，得知工廠裡的年輕女性熱愛晚宴舞會（dinner dance）——音樂、美食、歡笑和合適的單身漢聯誼。公司裡的男性也一樣。想

要有更多約會，想帶女友出去，或是想認識新女生，然而瓜達拉哈拉的晚宴舞會很貴。

這下有點子了。

麥克團隊靈機一動，決定在公司的自助餐廳，舉辦週五之夜晚宴舞會。指月有場地、有廚房、有廚師，也有玩樂器的員工可以表演或當 DJ。公司只需要花幾百美元買食物，再掛上一些裝飾品。員工將可免費參加，還可以帶任何想帶的人。

這個點子一炮而紅。週五之夜從和家人待在家裡的普通夜晚，或是男方和女方都負擔不起的約會之夜，變成指月舉辦的晚宴舞會——這間公司變成瓜達拉哈拉人造訪以及露臉的熱門場所。員工愛死了。他們每個禮拜都期待這天的來臨，會討論還做計劃。十幾、二十幾歲的年輕人成群跑到指月的晚宴舞會，隨著音樂起舞、大笑、聊天、吃東西、交朋友。他們的新朋友不會取代家人，但會變成重要的家庭延伸。年輕女性除了工作，現在有理由留在工廠。指月的在職率立刻上升，而且每個月都在增加。年輕女性開始待 6 個月，接著是 9 個月，接著是 19 個月——等同或超越瓜達拉哈拉所有製造廠。

● ● ●

美國現代造船之父亨利・凱瑟（Henry Kaiser）說過：「問題

只是披著工作服外衣的機會」。我們可以把這句話的「工作服」改成「傑出工作服」。問題是水晶球，讓人看見帶來不同的機會，一窺該是時候出現的改變與改善。因此要擁抱出問題的東西，把沮喪放到一旁。不論問題是什麼，研究它們，擁抱它們，拆開它們，尋找線索。當你的目標是傑出工作，問題就只是披著工作服外衣的機會。如果你直視它們，它們會啟發靈感，還會開啟想像力，讓你知道接下來該做什麼。

## 起點 2：想一想自己擅長什麼

　　沒有人擁有和你一樣的背景、經歷、技能、聰明才智與興趣。工作職責可能長得都一樣，但人不一樣。你知道某些事，你懂某些事。你的過去和你的工作生活都和別人不一樣。你要尊重這點，留心這點，讓這點引發好奇思考以及原創思考。你的專業技能永遠能以某種完美的方式造福他人。當你感覺工作上的某件事可以被改善時，要仔細留意那件事。通往你傑出工作探索之旅的大門，即將敞開。

　　幾年前，美國一間珠寶製造商有一個部門需要整修。那不是你平常看到的粉塵滿天飛的裝修，而是得完全拆除鍍金室，裡頭是製造袖扣、項鍊、手鐲、戒指、別針表層所需的氰化物、砷與鉛。

　　由於現在已經有更安全的科技，以及更乾淨的製程，每一個人都歡迎這個拆掉鍍金室的機會，然而這個計劃讓人想起來就頭

痛，因為工程浩大，得移除有毒的化學物質與設備，而且要以對員工、公司、社區與環境來說，110％安全的方式。第一個報價是令人瞠目結舌的 500 萬美元，第二個也要快 300 萬，而且兩間毒物清除公司都不願意接下整個案子從頭做到尾。且這兩間公司的作業方式，都會妨礙珠寶公司的每日營運。該怎麼辦？成本是天文數字，而且很不方便。更麻煩的是，可以信任那些毒物清除公司嗎？它們能以安全的方式完成工作嗎？

此時謙遜的經理安妮特（Annette）出場。安妮特告訴我們，報價出爐、計劃細節開始浮現時，她就是有一種感覺。那個感覺告訴她：「如果自己做，可以幫公司省錢，而且更安全。」由於相關計劃很複雜，先前沒有任何人考慮這個選項。然而安妮特相信自己知道的事。她是精煉與環境法規遵從經理，她信任自己的罕見背景與經歷，讓一個平凡的工作指派，變成帶來傑出工作的可能性。

公司高層不認識他們，然而擁有理想的相關背景、經歷、技術、聰明才智，能夠處理毒物清理的人才，一直在公司內部。安妮特和同事全都接受過毒物清理的訓練。在外洩團隊待了 10 年的經歷，讓他們擁有特殊知識技能。除此之外，安妮特的個人成長史與專長也派上用場。她解釋：「我在東科羅拉多（Eastern Colorado）農場長大，有 9 個兄弟姐妹，家裡從不浪費東西，每一樣東西都要重複利用。至於我的工作倫理，我母親是護士，她教我：我替僱主做的，永遠要超過拿到的薪水。」安妮特後來取得

工程學位，在新墨西哥一家煤礦廠的搜救小隊工作。她解釋：「我接受整整 1 年訓練，安全的觀念被灌輸在我的腦袋裡。我學到每一種可能的危險——如何避開它們，以及萬一發生糟糕的事該如何應對。」看著安妮特的個人生活史——農場帶來的永續精神，再加上工作倫理與安全觀念——明顯可以看出她準備好問正確問題：如果自己做毒物清理，對公司以及每一個人的安全來說，不是一件好事嗎？

當然，這個點子沒有立刻被放行。安妮特和她的團隊，以及眾多的公司主管，研究這個計劃數月。他們聯絡美國職業安全衛生署（Occupational Safety and Health Administration, OSHA）與環保局（Environmental Protection Agency，EPA），和無數的實驗室討論測試流程。他們和紐約市 911 事件清理人員談話，甚至和美國住宅與都市發展部（Department of Housing and Urban Development）合作，訂定一絲不苟的程序，甚至連嬰兒都能安全待在重新整修的區域。每一分每一秒都會用監視器記錄，每一個小細節都被照顧到。這件事必須被完美達成，最小的失誤都可能帶來重大災難。

然而安妮特說：「我一直覺得，公司拿到的報價是敲竹槓。我知道我們可以做到，這感覺是個很棒的機會，從一開始就令人興奮。管理階層考慮了兩次、三次、四次，每一次都讓我更覺得我們可以做到。」

安妮特團隊過了刻苦的 3 個月，超時工作，辛苦拆掉鍍金室，

銷毀所有有毒化學物質與設備。公司最終花的成本是 109,871 元，省下數百萬美元。更重要的是安全議題。安妮特團隊知道，公司外的人不會像她和她的團隊一樣，把這件事完全當成自己的責任。他們受到內心的驅使，鍍金房拆下、處理的每一樣東西，一定得是安全的。不是有點安全，不是大致上來說安全，而是完全安全。

我們決心要替他人帶來不同時，就是這樣。工作變得非常個人。平庸不再是選項，因為我們是在把自己個人的成長背景與專長，帶進工作本身，那不但反映了我們的一部份，而且代表我們有能力堅持做傑出的事——人們會熱愛並讚賞的事。

每一件事都大功告成後，勞工補償基金（Workers Compensation Fund）評估翻新的區域，發現每一個細節都按照規定處理，甚至超越規定，沒有出現任何一個危險的錯誤。由於安妮特願意問對問題，拆除毒鍍金室的計劃順利進行，而且一路上所有人的進度都沒有落後。安妮特解釋：「傑出工作的重點是把你的心和靈魂都投入某件事。不是因為你被要求那麼做，而是因為你想做帶來不同的事。」

事實上，當我們把自己看成別人組織圖上的一個方格，我們是在錯誤評估自己的潛能。當意識到自己特殊的知識技能——從小到大的生活、技術、天賦、好奇心——我們是在建立自己獨特的才智品牌。已經過世的現代舞者與表演藝術開創者瑪莎・葛蘭姆（Martha Graham）說過：「有一股活力，一股生命力，一股精

力，一股生命的躍躍欲試，透過你轉化成行動，而且因為全世界只有一個你，你的表達是獨特的。如果你堵住這股泉源，它再也不會以任何其他媒介存在，它將消失於人間，這個世界將無法擁有它。」

這段話的訊息很重要：這個世界有你才想得到、別出心裁的問題與直覺，所以你要請教自己的過往、自己的經驗、以及你所擁有的別人學不來的做事方法。如果你的心裡一直有個聲音在告訴你，一定有更好的方式，你要聆聽那個聲音。給你的才智一個聽眾，你知道一些事，而你所知道的事，是你在問其他人想不到的問題時，唯一需要的東西。

## 起點 3：非主流的原創思考

傑出、有魄力的點子有時感覺像是異想天開，聽起來像是瘋狂念頭、古怪想法、不可能達成的夢想。然而這些桀驁不遜的聲音，常是深藏不露的天才點子。如果能好好聆聽，它可能完全翻轉我們對工作的看法。它讓我們緊張、迷惑，甚至可能有一點驚嚇。然而它也可以引導我們，帶我們走向注定完成的傑出工作。

世界上有 70 億人，大約有 50 億人受惠於馬丁‧庫柏（Martin Cooper）停下來問對問題——而且不只是偶爾，而是每一天以無數種方式受惠無數次。我們訪問馬丁，發現他問的問題遠遠超乎預期、天馬行空、超乎常理，而那讓他的團隊踏上旅程，改變了

這個世界通訊的方式。

　　1970 年代初期，馬丁・庫柏是一名電機工程師，替一間叫摩托羅拉（Motorola）的公司工作。今日的摩托羅拉可能因為創新科技而聞名於世，然而馬丁 1954 年進公司時，摩托羅拉只是一間小公司，活在科技巨人 AT&T 的影子底下。

　　馬丁職場生涯的頭 15 年，都在研發各式各樣的個人通訊科技，例如醫生呼叫器、手錶石英，以及第一台可隨身攜帶的手提式警用無線電，以上只是幾個例子。他和其他所有人一樣，學會發揮自己的創意巧思，那是一種聽從直覺、跳脫傳統思考的天賦。

　　到了 1970 年代初，馬丁已經一路高升，成為摩托羅拉通訊系統部門總經理。由於他擁有研發可攜式通訊設備的多年經驗，摩托羅拉讓他負責研發下一代車用電話。當時的概念是把電話從家裡或辦公室帶到車上，使人更便於聯絡。

　　然而馬丁沒有一頭鑽進他被吩咐的任務。他停下，花時間聆聽一個瘋狂的直覺。他想：「人們想和人說話──而不是和一棟房子、一間辦公室，或是一輛車子說話。」這個念頭帶來挑戰現況的問題，一個和小珍妮佛・藍德的質問一樣影響深遠的問題：「為什麼我想打電話給一個人時，我得打到某個地方？」

　　馬丁團隊用接下來幾年的時間，研發出第一部蜂巢式手持無

線電話（handheld cellular telephone）。1973 年 4 月 3 日，馬丁用一部重 2.5 磅的手機，打了全世界第一通行動電話。那支手機被團隊暱稱為「磚頭」（the brick），電池可用 20 分鐘。馬丁表示：「那時的電池續航力不重要，因為你沒辦法舉著電話那麼久。」

值得注意的是，馬丁團隊被指派的任務是研發車用電話。他們可以就那樣往前衝，去做那件事就好。然而馬丁有一個瘋狂的點子，一個荒唐的直覺，他覺得人們會喜歡的東西，將不只是車用電話，而是可以在任何地方打電話給任何人。他問對問題，帶來比原本的任務還多的東西。他絕對可以做摩托羅拉交代的有限任務就好，甚至可以只做一點改善，像是讓車用電話的電話線可以收起來，或是把電話整合進車子的擴音系統，但電話依舊會被限制在車內。他的奇特點子完全不把車子當成必要元素。

馬丁的直覺巧妙的地方，不僅在於它重新引導研發計劃的方向，而在於完全改造了那個計劃。想一想馬丁的改善帶來了什麼不同：隨時隨地都能聯絡到另一個人；和自己的小圈子以及全世界聯絡，分享我們的生活：照相、分享影片、聽音樂、安排約會、發簡訊與電子郵件，靠著專門的應用程式，突然想到什麼或對什麼有興趣，都可以找到——這一切能夠成真是因為 40 年前，一個默默無名的摩托羅拉工程師選擇問對問題。馬丁的工作影響到許許多多的人，範圍超越一般的傑出工作專案，不過我們的得獎工作研究顯示，如果和馬丁一樣，停下來問對問題，我們的工作被他人重視的可能性，將成長 313％。工作不只影響兩、三人的可

能性，也將成長 412%。

我們為了本書訪問馬丁時，意識到一件有趣的事：要是沒有馬丁的傑出工作，不可能完成這次的訪談，因為他是在接待室某個地方，用手機和我們談話。

讀馬丁的故事時，我們可能希望把他想成具有願景的天才，然而如果倒帶 40 年，會發現馬丁和大部份的人一樣，只是個普通人，有著普通的工作，有著普通的前途。當年沒有人知道馬丁所問的問題，以及隨之而來的傑出工作，將是手機的搖籃，也沒有人知道手機會變成今日的手中電腦。就連馬丁本人都沒想到。馬丁的故事帶來的啟發，在於他能夠停下來，聆聽非主流的智慧——想像不著邊際的事，以有點衝動的方式思考，驗證令人瞠目結舌的事物，最終相信自己的瘋狂直覺。

只要肯讓自己停下來聆聽，瘋狂但傑出的點子存在於所有人心中。如果你看過 1995 年的電影《我不笨，所以我有話說》（Babe），應該知道那是在講一隻幻想成為牧羊犬的小豬。小豬的主人農夫霍吉特（Farmer Hoggett）有一個預感，覺得這隻小豬辦得到。故事作者喬治・米勒（George Miller）與迪克・金恩史密斯（Dick King-Smith）以下面這段電影旁白，完美刻劃聆聽直覺的價值：「農夫霍吉特知道，讓人心癢、一直在耳邊嘮叨、拒絕離開腦海的小點子，永遠不該被漠視，因為它們藏著命運的種子。」

　　我們全都擁有在耳邊嘮叨不休的瘋狂點子。讓我們一起放大這些傑出工作繆思女神的音量，讓它們能夠萌芽、成熟並壯大。聆聽古怪又天馬行空的東西，擁抱看似辦不到的事物。這些極端的靈感，可以將「好」工作變成「傑出」工作。可以引導我們問出只有我們能問的問題，並帶來具有想像力的直覺，以及讓事情不同的機會。

## 問號

　　早期學者寫拉丁文時，他們會在句尾寫上「quaestiō」（詢問）這個字，代表句子是一個問句。但這個字佔太多空間，因此到了中世紀時，「quaestiō」被縮寫為「qo」，「q」在「o」的上面。接著隨著時間的演變，上下疊在一起的「q」和「o」被自動調整簡化，最後變成大家都知道、今日我們使用的一條曲線與一個小點。而這恰恰可以象徵讓事情不同的旅程之中，一路上所有的好奇直覺。每一趟這樣的追尋之旅，從起點一直到目的地，都受問號引導。

問號的演變

　　然而要讓事情不同，問對問題只是第一步。希臘哲學家亞里斯多德的年代有一句名言：「自然界厭惡真空」（Nature abhors a vacuum.）。用不是太科學的詞彙來解釋，意思是出現空的空間時，大自然會試圖填補。想一想你打開真空罐時，空氣會衝進去填補真空。問對問題可以讓大腦出現新點子的真空空間，接著各式各樣的可能性、改良與改善將可以跑進去填補。

　　一旦我們下定決心，想讓他人的生活不同，我們已經準備好尋找新點子與可能性。

摘要回顧：本章技巧提要

 問對問題

### 花時間問人們可能喜歡什麼

—在計劃開始時停下，或是每週訂下時間暫停一下。

—想一想你的工作服務的對象。

—將顧客、團隊成員、領袖與夥伴納入考慮。

—以開放的心態思索改善的可能性。

—能否讓事情變得更容易？更簡單？更快速？更安全？更環保？更聰明？

—能否讓價格變得更合理？讓事情更方便？更有趣？更多連結？更可靠？

### 著手解決一個問題

—留意流程、產品或服務。

—讓問題變成機會。

—考量小處，也考量大處。

### 想一想自己擅長什麼

—關於人們可能喜歡什麼，你要看重自己的直覺。

—相信自己的個人經歷，幫助自己看見別人可能錯過的可能性。

—如果有你喜歡的任務，就從那裡著手。

### 非主流的原創思考

—思考帶來好點子的瘋狂念頭。

—想像如果萬事皆有可能，人們可能喜歡什麼。

# 親自去看

帶來不同的人會用自己的眼睛看，從各式各樣的角度看見新的可能性。

　　有一件很奇妙的事：為了回答最重要的問題——大家會喜歡什麼？人會以各種方式看自己的工作，以及每一件相關的事。

　　每一天，各行各業的人都積極從新角度看自己的工作，這讓他們能夠回答這樣的問題：「現在大家在做什麼？」「還少了什麼？」以及「可以怎麼做，讓事情更好？」親自去看，指的是尋找他人可能沒留意到、帶來不同的契機。日常事務可以這麼做，重大創新也可以這麼做。初階員工必須這麼做，執行長也必須這麼做。這不但是每個人都非常可能做到的事，同時也非常有趣，可以變成一種習慣，因為一旦決定親自去看，看見新的可能性將變成一件簡單的事。

　　我們在意想不到的情況下，看著傑出工作人士時，發現「看」的重要性。我們和數百位人士見面並進行訪問時，一再看見與聽見一件神秘的事：這樣說吧，人們尋找令他人欣喜的方法時，自然會出現願景。光是去看，就會讓他人從未見過的可能性現

身——不會一下子出現，需要一段時間醞釀。當人愈來愈會「看」的時候，新的可能性將以愈來愈大的強度湧入。

我們看著數千份因為傑出工作而得獎的員工記錄時，發現尋求改善方法的人對自己的工作感到熱情的可能性，是不這麼做的人的 17.1 倍。那不是很有趣嗎？當親自去看，事情會降臨在我們身上。喚醒讓事情不同的熱情。當利潤出現在頒獎原因（該傑出工作幫忙賺錢或省錢），其中有 87%，經理說得獎員工是因為用新方式看待自己的工作——去看人們可能喜歡什麼，去看事情如何運作，或是去尋求新的解決方法。

管理顧問經常錯誤引用曲棍球傳奇人物韋恩・格雷茨基（Wayne Gretzky），說他說過這句表面上在講願景的話：「繼續溜至冰球前進之處，而不是冰球所經之處」。那是願景思考者很常過度引用的加油口號。然而這句名言有著鮮少被提及的背景故事。首先，這句話其實是格雷茨基的父親華特（Walter）說的。每當格雷茨基提到這句話，他是在引述親愛老爹的話。第二，格雷茨基在加拿大長大，還是個男孩時，就用相當驚人的方式收看電視曲棍球賽。他會先在紙上畫下曲棍球場簡圖，接著坐下來，手上拿著鉛筆，畫下冰球經過的方向。觀看並記錄冰球經過的每一個地方。冰球會全場亂竄，這裡跑，那裡飛，突然又轉彎，要記錄並不容易，必須全神貫注（更別提需要一點手眼協調）。每一場比賽結束時，他的紙上球場會滿是鉛筆線條。偶爾這裡或那裡出現一點空白處，但整張紙幾乎都被畫滿。有一天，格雷茨基的

父親問他，他究竟在做什麼。他拿起紙說：「爸，你看不出來嗎？所有這些線條相交的地方，就是冰球最常出現的地方。」

這個故事遠遠超出一句令人朗朗上口的願景名言，告訴我們看見未來傑出工作契機的訣竅。格雷茨基的確擁有非凡球技，似乎知道冰球會往哪裡跑。然而他能擁有這種能力，至少部分原因源自一個簡單的事實：他先做了觀看的準備。

## 你看見蘋果，我看見香蕉

人眼的虹膜構造十分獨特，沒有兩隻眼睛完全一樣，就連同卵雙胞胎都不一樣。同一個人的兩隻眼睛也不同。那就是為什麼除了指紋，用虹膜辨識身份的方法被廣泛採用。

然而說到傑出工作時，重要的不是我們的眼睛有何不同，而是它們以不同的方式觀看。每一個人對於周遭的世界，都有獨特的觀點。我們的內心也有眼睛，與我們如何「思考」有關，而不是我們「看見」什麼。那受到許多事物的影響：人們共同的經歷、希望、夢想、恐懼、愛、恨、選擇、天份、能力、興趣，以及更多更多東西。

這讓我們得出一個必須親自去看的重大理由：因為你將看見其他人看不見的東西。

2007 年 6 月，一個叫傑克（Jack）的男子，攀登猶他州希伯（Heber）一個小型農業社區上方的紅岩斷崖。那個斷崖有幾個乾涸的小峽谷、幾棵低矮櫟樹，以及希伯谷（Heber Valley）與後方沃薩山脈（Wasatch Mountains）的壯麗景觀。然而傑克看見你我看不見的東西：這裡是球道，那裡是狗腿洞（dogleg），紅岩峭壁一個陡峭下坡處是三杆洞——《高爾夫球雜誌》（*Golf*）2009 年選出的「最佳新私人高爾夫球場第一名」的紅崖球場（Red Ledges）規劃就此出爐。雖然傑克提醒我們，球場設計是「天才團隊的合作成果」，他所設計的每一座球場，都源自第一次在某一帶散步時，心靈之眼所「看」到的東西。此外，傑克看到的東西，與他是史上最佳球員有關：這位傑克的姓氏是「尼克勞斯」（Nicklaus）。

傑克擁有贏得 18 次冠軍賽的記錄，可說是史上最佳高爾夫選手。他走過空無一物的地面時，大腦帶著裝滿經驗的記憶庫：在蘇格蘭、亞利桑那、夏威夷、斐濟等地的球場揮桿成千上萬次的經驗。傑克這輩子的經驗，帶來了他的傑出工作，所有人都一樣。

每一個人都有各自的學習、成長與習得技能的個人史。相關經歷讓每一個人都透過一個特別的鏡頭看世界，那個鏡頭的名字是〔*填入你的名字*〕。那是獨一無二的觀點，看得見其他人看不見的改善機會，能做其他人做不到的傑出工作。這會令你開始好奇吧？你的人生經歷讓你準備好看見什麼傑出工作？你的團隊、你的公司以及這個世界需要你做什麼？有什麼事物是只有你才能貢獻？如果你不做，是什麼樣的傑出工作將無人去做？

　　親自去看的方式很多。我們可以讀書、鑽研報告、觀看線上影片、研究類似產品或流程，或用 Google 查詢。然而最有趣、最能看到東西、最無法取代的親自去看，就是你人在那裡。科學家稱親自到場為田野工作，藝術家稱之為離開工作室，企業領袖稱之為「走動式管理」（Management by Walking Around），大學生稱之為公路之旅。你想怎麼叫都可以，但你要從椅子上起身，親臨事件現場，以第一手的方式看見事情。因為當我們用自己的一雙眼睛親自去看，那會改變我們。當我們親身體驗問題，看著顧客和我們的工作互動時，幾乎不可能不去關心、不去負起責任、不去以所有能夠辦到的方式改善事情、讓他人驚喜。

　　由於人和計劃各有不同，「看」的方式五花八門，這裡我們只分享眾多「親自去看」範例中的 6 個。讀完之後，你可能會想仿效，以這些獨特的方式去看，或者你也會找到獨家的「親自去看」方法。

## IDEO 觀看人群

　　幾年前，我們造訪頂尖的創新設計公司 IDEO。在那裡工作的人，沒有家喻戶曉的名氣，然而他們設計的產品無人不知。從蘋果的第一個滑鼠，一直到史威孚拖把（Swiffer Sweeper），IDEO 的設計師什麼都設計過。對於工作內容與產品研發有關的人來說，造訪 IDEO 就像是去朝聖。我們等不及要看 IDEO 的人如何做自

己的工作。

因此我們抵達帕羅奧圖（Palo Alto），IDEO 帶我們參觀公司。隆冬之中，那裡的氣溫是華氏 70 度。太棒了。門窗都是打開的，不酷寒但酷炫。你就是可以感受到一股活力、一種興奮之情與咖啡因。被當成會議室的大樓裡，擺著一輛古董福斯巴士（VW bus），到處都是有趣產品。我們走到一個角落，看見一台驚人的高科技嬰兒車。看起來不像幾年前流行的輕巧嬰兒車，有著巨大的輪子，座椅離地面很遠，下方有大型置物空間，看起來完全不像前幾代的嬰兒車。

原來 IDEO 當時正在幫伊文孚羅公司（Evenflo）設計新型嬰兒車。想一想，嬰兒車已經有悠久歷史。你可能會以為過了數十年後，嬰兒車大概沒有太多新點子可想。然而 IDEO 設計師接下這個嬰兒車專案時，眼睛和心胸完全打開。他們不事先假設任何事，然後親自去看。這裡所說的親自去看，意思是從每一個可能的角度，以全面方式接觸這個專案。從每一個面向觀察傳統嬰兒車：嬰兒車的特性、目的、零件、材質、使用者，以及貨真價實的每一件與嬰兒車有關的事，他們好奇：「嬰兒車有意無意之間，有著什麼樣的設計結果？」

然而他們不只問對問題。還離開自己時髦的辦公室，到外頭尋找答案。造訪公園與購物中心，購買相機，拍下推嬰兒車的民眾靜物照與影片。帶著好奇心與目的認真去看，決心找出改善的

新可能性——以讓人驚喜的新方式。他們看的時候，清楚看到更佳的嬰兒車點子，那些從來沒有人看見的點子。他們記筆記，從每一個看到的東西上發想新點子。

他們回公司時，把全部的照片貼在牆上，一旁畫上小小的對話泡泡與塗鴉，以及各種隨機的筆記與點子——很多很多的點子。你可以感受到腦袋齒輪在轉的感覺。看著那面牆，你會知道有人真的費了工夫去看，去留意人們如何與嬰兒車互動，或許是第一次看見那種景象，然後激盪出點子。那很深入，很豐富，很實在。就算看 1 個小時，大概也看不完那面牆。牆上是人們使用嬰兒車的各種可能情境：從車裡出來；試著一邊抱孩子、一邊摺疊嬰兒車；彎身和嬰兒車裡的孩子玩；一手拿咖啡，一手推嬰兒車；把孩子放進嬰兒車小睡一下。那是數百種新角度，每一種都帶給設計團隊新點子。

我們從未看過那樣的東西。

蘋果創始人賈伯斯（Steve Jobs）說以下這句話時，解釋了親自去看的重要性：「設計是個有趣的詞彙，有的人認為設計意味著東西的外觀，不過如果你更深入去挖掘，設計其實是事物的功能……要有非常好的設計，你必須要懂……必須熱情投入，完全了解，你要細嚼慢嚥，不只是狼吞虎嚥。大多數的人不會花時間做那件事。」此外，賈伯斯強調細嚼慢嚥的價值，不要只是問人們會喜歡什麼，他說：「很多時候，人們不知道自己要什麼，直

到你展示給他們看。」

　　我們之所以要更刻意地看著自己的工作，最重要的理由，就是如此一來才能真正了解與看見尚不存在的潛在進步。事實上，我們看不見我們沒去看的東西。

　　嬰兒車設計團隊努力看，以求了解嬰兒車，以及使用嬰兒車的人。接待我們的公司人員，帶我們參觀幾個觀看的特別結果，以及因而得到的改善靈感。看著它們，你會留意到每一次的觀察是如何直接帶來某種改善。每一次的新觀察都變成一次新發明──從數十年來嬰兒車的設計方式，又向前邁進一步。

- 設計師看見嬰兒車卡在人行道縫隙時，必須奮力掙脫，因此把輪子設計得比較大。
- 由於看見人們一邊抱嬰兒，一邊又奮力試圖收起嬰兒車，所以設計出一隻手就能摺疊與打開的產品。
- 由於看見母親彎身照顧孩子，所以把椅子設計得比較高。
- 由於看見父親用搖鈴和玩具，努力哄孩子開心，因此替嬰兒設計了遊戲區。
- 因為看見母親用毯子包裹嬰兒，所以他們讓嬰兒車柔軟、具有包覆性、堅固又安全。
- 因為看見父親提著大包小包，有剛買好的菜、尿布包、咖啡，所以在嬰兒下方增加儲物空間，上方則多加放杯子的地方。

設計團隊的每一個觀察，都帶來新價值，帶來讓設計師可以玩傑出點子的寶庫——可以增加或移除先前產品的元素，以求帶來人們會喜愛的不同。事實上，他們的嬰兒車上市時，人們愛死了，被世人視為傑出工作。證據是數年後，幾乎市場上每一台嬰兒車，不論製造商是誰，都模仿了伊文孚羅嬰兒車的點子。

以後見之明來看，尋找讓嬰兒車進步新方式的過程，看似相當容易；然而如果真的那麼簡單，為什麼以前沒人想到要那樣做？那正是靈光一閃。如同前文提過，傑出工作總會引起一個令人熟悉的反應：「為什麼我沒想到？」這讓我們不得不好奇：真的需要具有願景的人，才看得見改善嬰兒車的可能性嗎？或者每一個擁有正確技巧的人都能做到？事實上，親自去看並不是某種極度罕見的能力。那只是一種技巧——以及一種選擇，任何人都能選擇去看。此外，如同所有其他技能，熟能生巧，我們練習得愈多，就愈懂得如何去看。

## 吉姆觀看流程

我們相信如果一個點子有可能令他人欣喜，大概值得追求。然而有價值的改善，同時也會帶來麻煩：挑戰、反對意見與阻礙。此時觀看流程可以帶來幫助。有趣的是，許多事情一直要到有人好好去看並找出方法之後，才有可能成真。

　　1977 年時，吉姆（Jim）和幾個合夥人有預感，人們可能會喜歡上網租 DVD，讓 DVD 直接被寄到家裡。然而這個點子有幾個問題。有的人說郵費太貴，有的人說 DVD 會不見或被偷。另外大部份的人都認為，DVD 經不起多次寄送，寄送途中會毀損。

　　吉姆沒有用猜的，而是親自去看。他說：「我們知道，如果無法找出方法和美國郵局體系合作，就無法成功。為了解郵局後端如何運作，我花了數百小時待在最大的區域郵政中心，觀察並問問題，留意到信件分類靠的是數個高速旋轉的循環盤。這些撞擊力強大的金屬盤，每小時可以分類與處理 4 萬封以上的標準尺寸信件，顯然薄薄的塑膠 DVD 承受不了這樣的分類過程。我心中一沉，覺得這個創業點子從指尖流過。」

　　吉姆可以就此停下。幸運的是，他依舊親自去看，沒有停下。「然而接著我注意到一個獨立的輸送帶，那個輸送帶負責分類雜誌及其他大型『扁平郵件』。要如何讓我們的包裹，永遠都會被送到那個扁平郵件機，而不會被送到信件分類機？我發現郵件若有特殊尺寸等特徵，就會被送到這台不同的分類裝置，而不是那些撞擊力強大的大型金屬盤。更好的是，這台扁平郵件分類機可以讀取地址條碼，自動排出『郵差送信』順序。這下子事情真的有進展……我們最後做出的『Netflix 信封』是最讓顧客驚歎的東西。信封的設計非常關鍵，不只是為了顧客體驗，也是為了營運與商業模式。」

　　對吉姆這位 Netflix 的共同創始人來說，深入去看郵局的工作流程與步驟這件事，價值數百萬美元。事實上，幾年內，那個創業點子將讓眾多錄影帶店關門大吉。

　　吉姆仔細觀看郵件分類的方法提醒了我們，要了解事物如何運作，並且解決問題，開闢我們想要的改善道路，親自去看無可取代。事實上，如果矇著眼工作，我們做不到多少改善。親自去觀察才能了解。解決方案出現的形式，通常是心中的圖像。唯一的對策是走出去，用眼睛看事情如何運作。實踐之後，我們會開始看見到處都是改善途徑，即使最令人想不到的地方也一樣。

## 中津英治觀看大自然

　　有時親自去看意味著，觀看的時候要跳脫明顯與我們工作相關的事——看著藝術、文學或是身邊的大自然。我們是在和溫和的日本工程師中津英治（Eiji Nakatsu）聊過之後，戲劇性地發現這件事。

　　日本大阪與博多之間的子彈列車是全世界最快的火車，讓人們能以 300 公里的時速舒適、安靜地通勤。如果列車在你以時速90 公里開車時，經過你身旁，你會覺得自己是靜止的。然而在最初測試時，出現一個嚴重問題：隧道噪音會吵到鄰近地區。

　　中津英治告訴我們：「整條山陽新幹線中，大約有一半的地

方是隧道。列車高速衝進狹窄隧道時，會產生如同潮汐波的空氣壓力波。」測試列車出隧道時，壓力波會以音速前進，造成轟隆隆的噪音，四分之一英里外都能感受到。那對隧道附近的居民以及野生動物來說，都是不舒服的感受。一開始的時候，工程師研究能否拓寬隧道，但成本過高，不可能採取這個選項。中津英治的團隊如果要解決這個問題，就得改變列車本身的設計。但要怎麼改？

一名工程師決定搭乘測試列車，親自去看。他說列車衝進隧道時，感覺好像整個車廂被擠壓一樣。中津英治馬上看出：「這一定是因為空氣阻力突然改變。」這使他注意到一個非常重要的地方。他問：「我們能否找到每一天都要處理空氣阻力突然改變的生物？」

這裡首先要指出，中津英治除了是工程師，還是活躍的日本野鳥協會（Wild Bird Society of Japan）成員。

他是賞鳥人士。

中津英治看著大自然時，想到翠鳥。他看過這些顏色豔麗的鳥兒從空中衝進水裡抓小魚時，幾乎不會激起任何水花。他看著翠鳥並好奇：如果翠鳥的身形讓牠們能以如此的高速，穿越低阻力空氣，進入高阻力的水中，或許列車能安靜穿越隧道的關鍵也在此。

鳥與列車

　　中津英治告訴設計團隊翠鳥的鳥喙輪廓。他們利用研究用的超級電腦，以不同車頭形狀的列車，執行列車穿越隧道的模擬測試。看著一種又一種設計，漸漸地超級電腦的精密分析帶來的解決方案，開始看起來愈來愈像翠鳥的鳥喙。

　　在今日，新幹線 500 系電聯車擁有細長的 49 英尺車頭，看起來奇妙地就像是當初帶來靈感的鳥喙。這個設計讓空氣壓力減少三成，電力使用減少一成五，還讓速度增加一成。以及列車高速行駛時，完全不會造成隧道噪音。

　　中津英治表示：「我告訴所有年輕的工程師，要仔細觀察大自然。我自己從賞鳥之中學到很多。不過真正的靈感來自累積多年的觀察。」中津英治最後告訴我們一句話，那句話引自他喜愛的一本書：山名正夫與中口博的《飛行機設計論》。「一棵樹、一片玻璃、一隻鳥或一條魚，全都可以是傑出、永恆的導師。」

## 狄妮絲觀看每一個細節

　　我們和許多讓事情不同的人談話。他們觀看每一個細節，一個都不放過，以求徹底了解自己的專案。他們和生產線的工廠工人並肩站在一起，看著人們在家裡洗衣服，拜訪供應商，觀察競爭對手，還以數百種不同方式親自去看，因為每一個新觀點都會帶來關鍵資訊與新點子，幫助他們踏上讓事情不同的旅程。

　　想一想你每週從家中送至路旁的垃圾量。對大部份的人來說，那個量至少有滿滿一個垃圾桶。現在想像一下，你被告知再也不能把任何東西送進垃圾場。這裡說的不是少丟一點，而是永遠再也不能丟棄任何東西，永遠不行。

　　不久前，我們拜訪印第安納州速霸陸汽車（Subaru）的狄妮絲・古根（Denise Coogan）。她的故事始於 2002 年。當時狄妮絲和速霸陸母公司富士重工（Fuji Heavy Industries）的主管，一起開半年一次的會議，她嚇到了。她告訴我們：「基本上我坐在那場會議裡，試著習慣日英翻譯，試著跟上。突然間，他們說希望盡一切所能，在 2006 年之前，做到零垃圾掩埋（zero landfill）。我是安全環境法規遵循經理，我點頭說『好』，但完全不知道自己是在答應什麼。離開會場時，我心想：『糟了，我剛才做了什麼？』」

　　印第安納的速霸陸是一間巨大的汽車工廠——佔地 380 萬平方英尺，等同 6.5 座被放在同一屋簷下的橄欖球場。巨大鋼捲以及其他未經處理或經過部分處理的原料，從一頭進去。每隔 2 分鐘，一輛成型的汽車從另一頭出現。這樣的作業流程，怎麼可能完全不產生廢料？狄妮絲想起自己在 1990 年代，讀過零垃圾掩埋的倡議，當時她想：「那是不可能的，你就是得把某些東西送進掩埋場。怎麼可能不用？」從狄妮絲的觀點來看，她和團隊面臨著不可能的任務。

　　然而，狄妮絲的團隊開始感覺這是一個機會，可以做很酷的事。他們想：「哇，我們甚至連從哪裡著手都不知道。就先從垃圾尋寶開始吧，從那裡出發。」

　　他們分成一個個小隊，一站接著一站，開始把垃圾箱與容器裡的東西倒到地上，分類每一樣東西，弄成幾堆，目的只是要弄清楚要對付什麼。他們分出一堆堆的塑膠、鋼鐵、保麗龍、紙板、貨板，以及其他所有東西一一秤重。得知初步重量後，得以計算每製造一輛車，每一種原料分門別類來看，將製造出多少垃圾。數字看起來不太妙。雖然速霸陸一直是間注重環保的公司，工廠每製造 1 輛車，就會產生 49 磅廢棄物。以 1 天生產 600 輛車來算，每 24 小時，就會產生近 3 萬磅要掩埋的廢棄物，也就是大約 15 噸。

　　你沒辦法讓 1 天 15 噸的垃圾憑空消失，這是不可能的。還是說其實有可能？

團隊成員開始一步一步來，替所有的垃圾找新去處。狄妮絲說：「廢棄物只是尚未找到用途的材料。因此我們在輪班之間，開始倒出容器裡的東西，非常積極地看著流程，像雷射一樣仔細檢視每一件事。由於同仁都非常熟悉自己的工作，我們也請他們看一看自己能做些什麼，減少部分廢棄物。」

很快的，建議開始湧入。

狄妮絲表示：「回收是最後才考慮的事。首先必須問：『我們真的需要這個東西嗎？』那是關鍵所在，如果可以一開始就讓工廠不使用，單子上就少一樣得處理的東西。」因此他們開始研究紙箱等物品，請供應商送貨時，改用可重複利用的容器，這帶來一個小小的不同。然而最大的廢棄物是鋼鐵，因此團隊去看汽車板金是如何沖壓與裁切，你可以想像那大概就像是用餅乾模子去切麵團，一時間無法解決。然而團隊最終找出辦法，利用板金最外緣節省鋼鐵，裁切時讓最後一吋鋼板也成為有用零件。再一次，較少的鋼鐵量進入工廠，出去的量也因而減少。同樣地，焊接機器的銅製焊接頭變鈍時必須更換，因此速霸陸的機械工廠，替那些焊接頭製作機器。靠磨尖及重複利用焊接頭，每月購買數量從幾千變成幾百個。當然，削下來的銅屑，以及削到不能再削的焊接頭會拿去回收。不過最重要的步驟是不再一開始就購買那麼大的量。

狄妮絲解釋：「如果我們無法減少某樣東西，次好的選項是找出重複利用的方式。」那意味著觀察四周，找出那樣東西的新用途。狄妮絲團隊親自去看，一個部門接著一個部門，一種廢料接著一種廢料，看看工廠裡有什麼，並且決定那些東西是否可以重複使用。橡木與松木棧板被放回卡車，送回供應商那裡，多次利用，充分運用，而不是丟棄。裝火星塞的保麗龍容器一度被視為太脆弱，無法使用一次以上，現在則遠渡重洋 20 次，被清空、重新塞填、然後再次清空。此外像是汽車接縫必須封住，不讓水跑進去，原本多出的密封劑會被刮掉丟棄，現在則被省下，放進桶子，供下一輛車使用。沒有任何一點東西被丟棄。

無法減少或重複使用的所有東西，依舊得有去處，此時回收派上用場。狄妮絲解釋：「我們有打包機，所有丟不掉的紙板，全被壓縮成一塊一塊，堆疊起來，送去回收。我們無法重複使用的棧板被送走，切成碎屑，變成庭院的植物護根材料。我們四處尋找能儘量回收各種廢棄物的夥伴。從塑膠蓋、鋼鐵屑、一直到紙製產品，我們的夥伴「傳統互動公司」（Heritage Interactive）提供協助，替每一樣東西找到回收商。員工餐廳的廚餘，以及可生物分解餐盤與紙巾，不會被送到外頭回收，而是直接在工廠裡做成堆肥，員工可以將很棒的花園堆肥帶回家。」

狄妮絲團隊開始想辦法減少、再度利用與回收廢棄物後，原本每製造 1 輛車會產生的 49 磅廢棄物，減至僅 0.07 磅，而且即使是那 0.07 磅，也不會送到垃圾掩埋場，而會被交給夥伴卡萬塔

能源（Covanta Energy）燒掉，變成讓大型渦輪機轉動的蒸汽，供電給印第安納波利斯（Indianapolis）市中心。

狄妮絲表示：「人們永遠要我描述某種大專案，或是讓事情不同的單一計劃，但事情不是那樣。事情永遠不會一次全部發生，或是跨幾大步就成功，而是由成千上萬的小計劃累積而成，一次一個。那不是你 1 年內做了什麼，而是你每星期做了什麼。積少成多這句話是真的。」

2004 年 5 月 4 日那天，狄妮絲團隊將印第安納速霸陸廢水處理廠的最後一批濾餅，送去掩埋，比公司儘量做到零垃圾掩埋的最後期限，早了一年半。處理文書作業時，狄妮絲和同事意識到：「就這樣了，這是我們最後一次必須處理這件事。」一開始，他們不敢相信自己再也不必處理垃圾掩埋事務，因此他們等待。時間一週一週過去，沒有東西需要送到掩埋場，一點碎屑都沒有。每一樣東西現在都減少、被重複利用，或是以某種方式回收。因此他們決定向自己的主管、同仁以及這個世界宣布，印第安納速霸陸是零垃圾掩埋工廠；這間汽車廠大如小型城市，擁有大量機器、人員、原料，1 天製造 600 輛車，而現在這間工廠每星期送進垃圾箱的垃圾量，比你家還少。

狄妮絲立刻指出自己的成就是團隊努力的成果。「一旦讓 3,700 人一同參與，大家都對零垃圾掩埋感到興奮，眾人的合作是成功的關鍵。我堅信 99％走進工作地點的人，都想做好自己的工

作。我們的員工擁抱這個計劃，當成自己分內之事，並引以為榮。能夠參與這麼重要的事，每個人都興奮不已。」

印第安納速霸陸讓事情不同的成果十分驚人。除了省去成千上萬噸不必載到掩埋場的垃圾，公司甚至靠零掩埋賺到錢。狄妮絲解釋：「算進這個計劃的成本之後——我們雞毛蒜皮的事都計算——過去5年間，我們享受到1,000萬美元的好處。廢棄物是錢，當工廠出現不需要的鋼鐵、不需要的紙板，以及所有那些不需要的其他東西，不但買的時候必須付錢，在工廠處理時必須付錢，接著丟棄時也要付錢。因此當有人說『環保太花錢』時，我們說：『不對，不環保要花的錢才多。』」

狄妮絲團隊當初要是矇著眼工作，他們能達成目標嗎？如果不是從新的觀點看著每一片塑膠與金屬碎屑，有辦法看見數千種減少、再利用與回收廢棄物的辦法嗎？我們不這麼認為。

狄妮絲團隊觀看每一個地方，然後依靠觀看，發現問題的解決之道。不過親自去看除了可以帶來傑出工作，還是一件有趣的事。許多受訪者告訴我們，觀看如何改善事情，會讓工作變得更有趣、更令人興奮、更令人愉快——不只個人如此，身邊其他人也一樣。我們的研究發現，有人尋求可能的新改善時，最終成果帶來組員、經理與主管正面反應（例如熱忱、樂觀或興奮）的可能性是不尋求改善的 11.8 倍。

現在讓我們朝著讓人忽視的方向——過去，尋找改善的機會。

## 多明尼哥觀看潮流

我們知道靠觀看過去尋找靈感，抵觸某些人心中的前瞻性思考。皮克斯動畫電影《超人特攻隊》（The Incredibles）裡，替超級英雄設計衣服的時尚設計師衣夫人（Edna Mode）說過：「親愛的，我從不回頭看！那讓人無法專注於現在。」

諷刺的是，幾秒鐘之後，衣夫人就自相矛盾。當超能先生（Mr. Incredible）請她設計有披風的戰鬥服時，衣夫人斷然拒絕，指出一連串超級英雄被披風害死的事件：「雷電俠……披風被飛彈勾到！風暴女……披風被捲進噴射引擎！超速人，被電梯夾住！爆破俠，起飛時被纏住！水花俠，被漩渦捲走！」她最後斬釘截鐵地說：「不要披風！」

衣夫人雖然表示觀看過去「讓人無法專注於現在」，事實上，觀看過去的潮流，讓她能替超能先生製作安全的新戰袍。好吧，那是卡通，但不論如何，那一幕讓我們看到過去的模式可以是水晶球，幫助我們在未來做到更好的工作。

如果你在亞馬遜、iTunes 或 Netflix 消費過，就會知道那些網站很厲害，能夠只依據你以及其他成千上萬人過往的購物記錄，推薦其他你會想買的東西。那些網站靠著觀看消費者過去喜歡的

東西，找到新方法讓人們開心。倚賴的工具是一般被稱為「推薦引擎」的軟體。

我們也可以靠觀看過去，找出過去是什麼讓人開心。曾有什麼東西令人心花怒放？令人著迷？口耳相傳？人們真正喜歡的是什麼？當用這樣的方法觀看過去，我們自己也會變成某種推薦引擎，可以知道人們熱愛什麼的專家。過程中，甚至可能一窺未來。

我們與惠而浦公司（Whirlpool）得獎的專案管理師皮耶・克雷維爾（Pierre Crevier），聊他的老闆多明尼哥（Dominique）回顧過去的有趣過程。

2008 年時，美國政府的法規主管機關嚴格規定，洗衣機公司必須讓自家生產的洗衣機變得更省水、更省電。不符新要求的機器將在 2011 年後，不得再販售。皮耶告訴我們：「惠而浦過去二十多年間製造的直立式洗衣機，無法再加以改造，配合新標準，因此事態緊急。標準的全新產品研發時間是三到五年，這下子我們只剩 2 年時間可以從頭設計新產品。」

在此同時，洗衣機產業正在歷經某種設計革命。LG 與三星等韓國製造商所生產的高階滾筒式機型，正在以令人擔憂的速度攻佔市場。惠而浦的傳統看法認為，新型的滾筒式設計將掌控產業的未來。直立式洗衣機被視為正在消失的舞台，那是老祖母在用的洗衣機。

這個意思是說，基本上多明尼哥的團隊被交付一個不酷的任務，必須設計出更為節能的老古董機器，在不可能的期限內，從頭開始研發直立式洗衣機。在此同時，整個世界認為，未來將由滾筒式機型掌控。皮耶表示：「滾筒式專案是『洗衣界的寵兒』。滾筒式洗衣機又酷、又性感、又高階。我們開玩笑，說這個專案（正式名稱是『直立調節洗衣機專案』〔Vertical Modulate Washer Project〕）是『鄉下人專案』（Redneck Project）或『搞定就對專案』（Git It Done project）。」

然而多明尼哥觀看潮流、看了市場研究之後，開始問對問題。他靠著觀看人們過去喜歡什麼，發現我們的母親、我們的祖母擁有的洗衣機，具有一些非常棒的特色。人們是用直立式洗衣機長大的，它給人熟悉感，開口較大，較容易丟進衣服，容量也較大。多明尼哥的腦中開始出現一個揮之不去的直覺，他跑去訪問擁有時髦滾筒式洗衣機的顧客。「再過幾年，等你又要買洗衣機時，你覺得你下一台會買什麼樣的洗衣機？」令人意外的是，大部份的人說：「以前直立式的還不錯。」嗯嗯嗯。

皮耶解釋：「這些人基本上是在說，我們真的希望有人推出中價位、節能效果和新式滾筒洗衣機一樣好的直立式機型。因為我們真的愛直立式洗衣機，但為了節能，改選其他機器。」

最後團隊回顧直立式洗衣機的輝煌年代，再加上不斷去觀看、

去學習，做市場研究，最後多明尼哥提出填補市場空缺的新利基機型。這次的專案將不只讓「搞定就對」團隊，替惠而浦的幾個低價機型建立節能平台，還要推出外形現代、高度節能的直立式洗衣機，價格是市場過去忽略的中價位定價（499 至 699 美元。）多明尼哥非常具有說服力地向上司解釋原因。很快地這個原本不被看好的專案大變身，惠而浦決定投資 1 億美元，研發新型直立式洗衣機。皮耶表示：「每個人都覺得『你們瘋了』。」

結果瘋狂成功。

這個計劃需要說服非常多的公司主管，需要週末加班以及團隊合作，還需要皮耶口中瘋狂的「屠龍」工作量，才能及時獲得成果，然而這台中價位的直立式洗衣機是革命性產品，每批貨一出工廠就全部賣光。光是那台洗衣機，就讓惠而浦搶下 8％市占率。皮耶表示：「我們的產品從無人關注、不被列入任何人的長期計劃，變成惠而浦 25 年來最重要的專案。」多明尼哥的團隊最後贏得董事長頒發的「獲勝精神獎」（Spirit of Winning Award）。不被重視的「搞定就對專案」，變成惠而浦史上最佳計劃。

他們帶來不同。

不論一項計劃多麼重要（或多不重要），觀看潮流將可帶來啟發，知道或許可以刪掉什麼、什麼有可能成功，或甚至發現完全被忽略的東西。現在有社群媒體讓我們知道 Twitter、YouTube 以

及網路上在紅什麼。一窺過去幾天、幾小時,甚至是過去幾分鐘發生的事,那可以幫助我們分析最接近現在的過去,帶來助益,因為即使是最接近現在的回顧,也可以成為前瞻觀察。

## 雅各觀看未來

人們親自去看的最後一個方向,是發現新可能性與做出改善的核心重點。以最簡單的情形來說,看著未來是一種深謀遠慮的行為,可以幫助我們思考即將發生的改變,以求了解某些人可能喜歡什麼——如果採取正確步驟,讓事情成真。這樣的「觀看」,是電影《夢幻成真》(*Field of Dreams*)式的「觀看」,那是在說:「如果你去打造,它們就會成真。」

荷蘭是西方著名的單車首都。如果你問美國人原因,大部份的人會回答:「因為那裡的地是平的。」

的確,荷蘭是地勢平坦的國家(五分之一土地為填海造陸)。然而地勢低平再加上臨近北海,還帶來別的東西:風(因此有風車)。在荷蘭騎腳踏車,你會發現自己是在逆風前進,那會和騎上任何山坡一樣吃力(除非是下雨或下雪。那種天氣會更糟)。

荷蘭人如此熱愛單車,真正的原因不是地形,而是因為始於1972 年的深入前瞻思考。

在 1950 與 60 年代的戰後時期，荷蘭官員看見汽車開始對荷蘭的生活方式，起了非常負面的影響。1970 年時，單車這種交通方式在荷蘭已經減少三分之二。停車場、更寬的道路、紅綠燈與新公路如雨後春筍般到處出現。車子和道路正在佔據這個不是為了它們建造的小國家。

在荷蘭各地的城市，如荷蘭北部格羅寧根（Groningen）市鎮委員，雅各・華勒奇（Jacques Wallage）等年輕的政府改革家正著眼未來，想像著不一樣的願景。

雅各和其他行政人員在心中看見不一樣的圖景，現實不必是即將塞滿車子、環境被污染的舊城區。不會是因為要蓋停車場，而拆除荷蘭古色古香、有數百年歷史的市中心。他們看見一條出路，要汽車可以，但不能進入有歷史的市中心。他們描繪的未來是兩個輪子，而不是四個。

因此他們擬定新市民政綱，內容結合單車友善法、駕駛人教育、公共交通工具投資、行銷，以及各種道路計劃。想出各式各樣的方法，讓單車令人無法抗拒：車子不能開進市中心。市鎮投資單車道而不是汽車道路；讓停腳踏車免費、停車很貴。建造只有單車能走的捷徑和橋樑，讓騎單車的速度快過開車。很早就開始宣導單車安全，對象包括單車騎士與汽車駕駛人。訂定交通寧靜法規，設立獨立單車道，並讓市中心有更多住宅。總而言之，雅各和同僚花了數千萬打造單車設施。

他們觀看未來，接著打造單車天堂。

今日，雅各（後來成為格羅寧根 1998 年至 2009 年市長）可以不必戴安全帽就騎自行車進城，看著他最初想像然後協助建造的市中心。他的城市是歐洲單車國單車城市的第一名，最近被票選為荷蘭最佳市中心。對著眼於未來來說，這是不壞的結果。

●　●　●

在你的心中，能否看見別人或許會喜歡的某樣東西？一個新點子？更好的做事方法？有人需要的服務？減少浪費的方式？增加價值？讓事情變得更好？只要我們努力，任何人都能做到。看著充滿新可能性的閃亮未來，會催促我們向前，讓人生有目標，還讓工作有趣起來。

新鮮的視野，永遠會帶來新鮮的想法，永遠永遠會。這令人振奮。光是看，就能讓我們的心靈之眼開始冒出可能性。視野剛開始可能有些朦朧，但慢慢地點子會開始聚焦。熟能生巧之後，有時點子會一湧而入，速度快到讓我們被傑出工作的可能性淹沒。那正是親自去看的神奇之處。

或許「為什麼我沒想到？」這句話，其實應該是「為什麼我沒『看』到？」。

請造訪 greatwork.com，了解狄妮絲團隊的故事，看一看印第安納的速霸陸汽車廠，如何讓自己每週送至掩埋場的廢棄物，少於我們家中的垃圾量。

摘要回顧：本章技巧提要

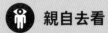 **親自去看**

### 觀察影響工作的每一件事
一去看目前的做法。
一只要有可能，你要親自在場。

### 觀察大眾做的事
一看你的工作帶給人們什麼體驗。
一看什麼行得通，什麼行不通。
一設想可以改善的地方。

### 看著過程
一去看影響你工作的每一件事是如何被完成。流程是什麼？
一了解工作是如何被構思、完成與生產。

### 探索其他領域
一在自然、運動、人文、科學中找答案。

### 檢視細節
一留意小事。
一站在裝配線上。拜訪客戶。
一看著數據。

### 往回看
一留意模式，找出趨勢。
一看過去是什麼讓人們驚喜。
一成為推薦引擎。

**看向未來**

一捕捉即將出現的改變。

一思考未來的情況可能帶來的契機。

一想像你可以幫忙打造的未來。

# 和圈外人談話

和平時很少交談的人聊天，會帶來我們自己想不到的點子。

　　當你聽到「蚊子」兩個字，心中第一個想到什麼？你是不是想到這類詞彙：嗡嗡叫、癢死了、被咬、鮮血、害蟲、驅蚊液？

　　OK。如果把聯想推得更遠一點呢？你可能會想到這些字詞：叢林、沼澤、蚊帳、亞馬遜、西尼羅病毒（West Nile virus）。

　　讓我們想一想大腦是如何運作。我們聯想到的東西，是來自過往經驗。以這個例子來說，是連結「蚊子」這個詞彙的東西。這樣的聯想並非什麼新概念，僅僅顯示大腦熟悉的神經通道在運作。換句話說，聯想讓我們看到、想到某個特定字詞或念頭時，大腦會自然通往某處。我們通常會以固定模式與已知概念想事情，熟悉度戰勝一切。

　　現在想一想另一個主題：無所不在的塑膠袋。說到塑膠袋，我們會想到什麼？購物？提把？破掉和裂開？回收？有人問：「要紙袋還是塑膠袋？」再一次，如果再聯想得遠一點呢？我們可能

想到這類東西：窒息、兒童警告、三明治。

大概不會想到蚊子。

乍看之下，塑膠袋和蚊子似乎八竿子打不著。分開看的時候，兩者都能有令人熟悉的聯想。然而蚊子與塑膠袋之間，則沒有任何可以立刻想到的自然連結。

現在讓我們加進一個新話題。

朱莉亞（Julia）和擔任新生兒醫師的丈夫提姆（Tim）曾遊歷非洲。他們造訪烏干達與肯亞時，看見寬闊的非洲天空、香蕉與香草農場、犀牛、大象與長頸鹿。然而他們之所以前往那裡，是為了學習嬰兒照護與人道議題。他們參觀肯亞蘇布卡（Subuiga）的愛滋診所與孤兒院時，孤兒院院長帶他們走一趟村莊。院長指著滿地都是的塑膠袋說：是這樣的，蘇布卡沒有收走垃圾的垃圾車，也沒有掩埋場，這些袋子無處可去。幾個腦子動得快的年輕人蒐集這些垃圾袋，製成足球替代品，但地上依舊滿是袋子。院長解釋這不僅是美不美觀的問題。

他指出：「每一個塑膠袋都會永遠在那，每一個都會變成積水的地方，這意味著這些被丟棄的塑膠袋，全是成千上萬蚊子的溫床，而蚊子會傳播瘧疾，也就是肯亞最致命的前三大疾病。」

千分之一秒之間，那場對話讓塑膠袋與瘧疾在朱莉亞與提姆心中，產生新連結。在那一瞬間，他們得知一種關聯，那個關聯在幾年前由肯亞環保人士暨諾貝爾獎得主旺加里‧馬塔伊（Wangari Maathai）首先提出。院長告訴朱莉亞，朱莉亞告訴我們，我們告訴你，現在我們再聽到「塑膠袋」三個字時，幾乎很難不想到蚊子、肯亞與瘧疾。

這個簡單的例子告訴我們談話擁有力量，那是打開心胸、帶來點子的工具。事實上，新鮮的點子源自得到新連結。當我們知道的事，碰上別人知道的事，就會出現新連結。這是在日常之中未充分利用的簡單概念。

不論何時何地，每當擁有不同背景的人一起聊天，就會冒出似乎可行、令人意想不到的點子。那就是為什麼如果要精通讓事情不同的訣竅，和他人對談，將是你工具箱裡的基本配備。

## 「我們」就是「我」

從對話得出的連結，與人類大腦的活動不可思議地十分相似。在進一步探討與圈外人連結的力量之前，讓我們先快速了解大腦如何連結。

這一瞬間。這一刻。

人的 1,000 億腦細胞在任何時候，都在複雜的電化學對話網絡中，代替你連結。幾兆又幾兆的連結，神經元接著神經元接著神經元。每個景象、聲音、情緒、想法、行為、身體功能，都來自神經元和神經元之間的高速對話，單位是毫秒。

神經元從不是靠著一個神經元就能發揮作用。天生的設計就不是如此。神經元天生要接收與傳導，一再接收與傳導。也就是說，每一個神經元都靠著與其他數百萬神經元同步對話，以不間斷、不可思議的資訊量，創造你的體驗。同一群神經元愈常彼此對話，同步率就越高、也愈有效率。你可能聽過這句話：「神經元同步發射，同步串連。」（Neurons that fire together, wire together.）意思是說一群神經元重複溝通時，它們會發展出被稱為「神經路徑」（neural pathway）的渠道與分支網絡。這些路徑會變得根深蒂固、具有習慣性。好處是我們認真去做的事，會做得愈來愈好。壞處是由於本質的緣故，神經路徑會變成慣例。

神經慣例有好處，那讓我們能跑步、走路、依循社會規定、遵守做事方法。慣例愈根深蒂固，某種活動就會變得更像是第二天性。人類被如此設計，是為了基本生存。感謝上帝我們是如此，因為如果工作沒變成第二天性，我們需要日復一日，每天都重頭學習。但諷刺的是，慣常的思考方式也會讓我們無法學習與做到新事物。而成長進步與改變的能力息息相關，也是任何公司、團隊或個人要成功，一定不可或缺的元素。博物學家達爾文（Charles Darwin）說過：「能夠生存的不是最強壯或最聰明的物種，而是

最能適應改變的物種。」

20 世紀最偉大的發現是大腦不像前人看法那樣，固定不變。大腦的架構、迴路、化學組成都能改變。腦部的各區域可以承擔新角色與新功能，我們天生就是要創造新連結並茁壯成長。以科學詞彙來說，這叫「neuroplasticity」（神經可塑性）──「neuro」是神經元，「plastic」是可塑的意思。改變是生命的催化劑。同樣的道理，改變也是所有傑出工作的催化劑。你大腦裡的 1,000 億神經元證實了那個事實。

朱莉亞與提姆在與肯亞與孤兒院院長談話前，兩人的大腦中，「蚊子」與「塑膠袋」兩個詞彙是不相干的概念──也可以說是兩條無關的神經路徑。孤兒院院長解說「蚊子」與「塑膠袋」的關聯時，啟發了新關係、新連結。社會學家亞瑟·庫斯勒（Arthur Koestler）稱之為「雙重聯結」（bisociation）──混合原本不相關的思考路徑，成為新的意義路徑。說的通俗點，就是「蚊子」神經路徑和「塑膠袋」神經路徑交流時，出現改變，新東西冒出來。情感上來說，是更深刻的理解。神經解剖學上來說，是新連結。

丹尼爾·席格（Daniel Siegel）博士為新興領域「人際神經生物學」（interpersonal neurobiology）的奠基人。他稱人與人之間的資訊流為「我們的神經生物學」（the neurobiology of we）。席格博士 2011 年接受《拋物線》（*Parabola*）雜誌訪談時表示：「你可以拿任何一個成人的大腦，不論處於什麼狀態的都可以，接著

靠創造出新路徑，改變一個人的人生。」接著他解釋，心智是人們之間共享的東西。「那不是你個人擁有的東西；我們被深深連結在一起。我們需要繪製『我們』的地圖，因為『我』是『我們』。」

基本上來說，我們是對話——外在是語言學，內在是電化學。對話讓人們的點子和別人的點子連結。對話把一個人的神經路徑，連結到另一個人的神經路徑。

這讓人鬆了一大口氣——我們不需要靠自己得出所有答案。單打獨鬥不僅不必要，事實上還違反自然。

## 圈內與圈外對話

根據一份發表在《科學人》（*Scientific American*）雜誌上的研究，每個人每天平均會說 16,000 個字。雖然這個事實令人驚歎，但想一想你忙著說話時，實際上和多少人對談。我們喜歡想像，自己每一天都和各方人士有多彩多姿的對話，然而數份研究顯示，我們一般只和非常小的同一群人反覆談話。

大部份的人覺得自己大約固定與 12 個人說話，確實如此（研究顯示那個數字大約介於 7 到 15 之間）。然而真正的內部圈子（我們最常談話的團體）甚至更小。事實上，80% 的時間，我們和同一群 5 至 10 個被信任的知己、盟友、朋友說話。意思是說，一天

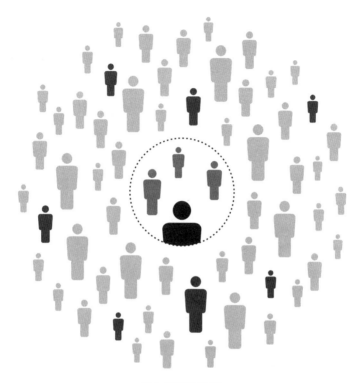

圈內與圈外對話

說的 16,000 個字之中，近 13,000 字的說話對象是非常小的朋友與心腹圈。這些最親近的同事、團隊成員、家庭成員與朋友，構成真正的內部圈子，而這是展開傑出工作對話的舒適之地，因為這些人的思考與我們類似，他們關心、相信我們。然而只和內部圈子對談，也可能變成不利因素——因為這些人的思考與我們類似，他們關心、相信我們。

　　我們與傑出工作人士談話時，清楚學到與平日以外的人——圈外人——談話的價值。

　　以傑出工作來說，圈外人僅意味著平時不會和他們談論工作的人。他們可能是任何人，可能是一起吃午餐、在別的部門工作的朋友，也可能是全然的陌生人，以及所有介於兩者之間的人。

　　連結圈外人的基本原理如下：最客觀的觀點不會來自我們最親近的人，而會來自外人。我們會在外人身上找到不同的思考、意想不到的問題、新鮮的點子、不同的意見，以及不一樣的專業能力。不過如同其他技巧，你的貢獻也會影響方程式。你選擇的談話對象、你討論的主題、你建立的連結，以及隨之而來的讓事情不同的點子，都會是屬於你獨一無二的東西。

　　我們訪問大學教授巴克萊（Barclay），他擁有邀請圈外人加入傑出工作談話的特殊技巧。被稱為「巴克萊效應」（the Barclay Effect）。過去幾年間，巴克萊在攻讀兩個不同的博士學位時，培養出與圈外人談話的不尋常能力。巴克萊承認，頭幾次他試著和平常不會討論工作的人討論時，心中有點七上八下，想著：「這些人會怎麼想我的點子？或是怎麼想我這個人。」「他們會不會太忙，地位太高，沒空理我？他們會不會覺得，這是我應該自己想辦法解決的事？」然而了解一件事讓巴克萊恍然大悟，傑出工作談話的本質正是：「如果談話的目的是讓事情不同，你擁有和任何人談話的許可。」

如果你只記得住一件與圈外人連結的重點，那就記住這一點。

和人們談論傑出工作時，目的不是請他們替我們解決問題；不是在推銷東西，也不是在要求某種援助。實際上是在邀請他們加入，一起享受讓事情不同的樂趣。那很有趣，那令人有歸屬感，那是件好事。有些人會一起玩，拋出一兩個點子。有的人則一下子投入，變成傑出工作之旅的夥伴。大部份人士的參與程度則介於兩者之間。

因此關於連結，要謹記在心的是這件事：這只是對話。如果抱持這樣的精神，與他人建立連結將可帶來啟發，因為是在邀請人們依據我們試著帶來的不同，投入自己的聰明才智、遠見、天份，以及興趣。如果你卡住了，可以試試以下開場白：

- 「我能否向你提一件事，請你給我意見？」
- 「我不太確定要從哪裡開始，但我知道有更好的方法可以做這件事。你能否幫助我一起找？」
- 「關於要如何改善，我大概有想法。你以前有這方面的經驗嗎？」

就是這樣而已，很簡單，很自然。開始對話吧。

# 羅伯的連結方式：召集所有探險家

讓我們回到哈特福德保險公司理賠經理羅伯的例子：他從廣播聽到「terra incognita ／未知的領域」這個詞彙後，召集理賠專員、經理、主管以及培訓師組成團隊，開啟圈內與圈外談話。他打開兩張美國地圖——劉易斯與克拉克遠征前與遠征後的地圖，向團隊成員指出，1803 年時，密西西比河後方有多少不可思議的東西等著被人發現。接著他把這當成一個隱喻，說明他們的部門需要做的改善，邀請大家加入發現之旅，展開對話。

羅伯的培訓長荷莉（Holly）第一個抓住機會。她和羅伯一樣，想替客戶、團隊成員與公司創造更佳體驗。對話從羅伯最內部的圈子擴散到保險公證人、主管、團隊領導人後，這趟改善的遠征勢如破竹，每個人都很興奮。這並非不尋常的情形。我們研究得獎員工後發現，和圈外人談話會使我們的工作令他人興奮的機率，高達 245％倍。只要我們踏出去，就會有那麼多精力充沛的幹勁和我們一起衝，為什麼要閉門造車？

我們訪問羅伯時，他非常謙遜（這是出類拔萃者常見的特色）。他形容第一次的會議：「我沒有所有的答案，沒有人有。劉易斯與克拉克擁有士兵、船夫、獵人、商人、鐵匠與通譯組成的浩大兵團。哈特福德保險公司也有這樣的兵團：每一位團隊成員都擁有不同的經歷與專長。『未知的領域』這個概念引導我們對話——互問外頭還有什麼我們尚未看到的東西？」

　　一開始，羅伯團隊到各部門實際走訪。親自去看一起工作的團隊成員如何做自己的工作，仔細聆聽客戶電話，檢視流程與評估方式，並且研究相較於績效不佳的人員，表現傑出的人員做了什麼。羅伯的團隊開始這麼做的時候，聽見了許多關於什麼行得通、什麼行不通的對話。

　　很快地，羅伯積極聆聽團隊成員五花八門的點子：「我給大家一個大方向，告訴他們：『幫助我了解我們可以怎麼樣做得更好，和我分享。我想知道你們看見什麼、在想什麼。沒有你們，我做不到。如果你發現可以帶來更佳客戶體驗的方式，告訴我。』」羅伯表示，在那之後，「聆聽讓一切煥然一新」。

　　羅伯開始定期舉辦面對面、誠心探索未知領域的會議。團隊成員開完會後，永遠一起去吃午餐，繼續用較不正式的方式交談。那不是腦力激盪或問題解決練習，只是單純的討論，讓大家有時間一起分享看法與點子。這變成羅伯團隊最喜歡的會議。羅伯表示：「你無法用電子郵件對話，那股神奇的力量會不見。你需要非語言的線索，需要親自見面的接觸。我非常熱衷這件事。我相信面對面的人際溝通具有力量。」

　　很快地，令團隊感到興奮的發現，一個接著一個出現。

　　首先，荷莉發現有的理賠專員明顯更能讓客戶開心。羅伯和

荷莉心想：「為何我們不特別專注於持續有傑出表現的理賠專員的行為——一個客戶接著一個客戶，一次理賠接著一次理賠，一天接著一天？」這個體悟帶來羅伯與荷莉口中的〈成功的工作行為〉檔案（Successful Work Behaviors）。一開始那份檔案彙集 15 種理賠專員的電話最佳實務，然而隨著傑出工作探險的開展，檔案增加成 40 種以上實務，接著又減為 30 個，不斷去蕪存菁。

相關行為包括如果客戶希望這麼做，就讓他們自行取得估價；讓理賠專員、客戶、車廠進行三方對話，加快修理速度以及立即安排租車。這些行為有一個共通點：讓理賠專員做事更主動、更關心客戶、更能提供協助、更具同理心，而且更有可能省去麻煩，快速處理理賠。

在此同時，談論如何改善事情，很快就變成羅伯團隊每天在做的事。他們永遠在和客戶、圈內人、圈外人，以及碰到的每一個人，討論他們想做到的改善。事實上，他們納入的一個重要行為，就源自與工作應徵者的對話。

羅伯曾在面試時，要一名年輕的女性應徵者，也就是一個全然的陌生人，說明她在上一份工作學到的最佳實務。對方回答：「我永遠讓客戶知道，不論是哪一個步驟，我會全程陪著他們。所以我會告訴他們：『我可以幫你，這我在行。』那會讓客戶有信心，電話上的對話也比較順利。」就這樣，羅伯找到另一個連結。他和團隊分享讓客戶有信心這件事。他們數次討論如何讓客

戶更安心後，改掉了標準問候語，從原本的問句：「我是溫蒂，我能幫你嗎？」改成：「我是溫蒂，我能幫你。」這個小小的改變，讓每通電話的態度大大不同。理賠專員感到身上有更大的責任，客戶則對專員更有信心，覺得他們有能力讓事情回歸正軌。

這個和外部人士交談所帶來的靈感，讓團隊成員更加相信與人互動時，一定要多加進一些人情味與關懷。羅伯表示：「我們處理各式各樣的事故，有時只是小擦撞，有時則是嚴重的死傷。如果客戶開車探望母親時，撞到一頭鹿，車上的人可能毫髮無傷，或是受重傷。」「碰上事情時，要看客戶的個性，或是他們當時人生碰上什麼事。一場對話可能鎮定又專業，也可能完全歇斯底里。」羅伯的團隊看見只是稍微改變接電話的問候語，就能造成很大影響，他們不斷討論其他可能性，不斷實驗，不斷改進。接著有一天，區域副總裁肯（Ken）建議，電話問候語可以加進這句話：「哈囉，我是肯。在我們開始之前，大家都平安嗎？」

想像一下，你剛發生意外，在情緒激動之下，打電話給保險公司。你以為接電話的人，只會講保險理賠的事。然而電話打通時，那個人問的不是你的保單號碼，而是「在我們開始之前，大家都平安嗎？」那句關心會讓普通的電話開場白，變成人與人之間的連結，而且不只是對客戶來說如此，對理賠專員來說也是。從真心想知道客戶的安康著手，而不完全只問保單細節，那會為雙方的對話帶來更多尊重，雙方都相信對方是善意的，是在為彼此著想。這實在非常好。

之後〈成功的工作行為〉變成理賠專員的手冊。很快地，尚待處理的理賠案件數，從平均 1 萬件，減為 4,000 件——對所有這類型的客服中心來說，都是很大的不同。此外，各項客服滿意度調查，也都出現創紀錄的數字。員工不再離職，變得更加忠誠。羅伯原本缺乏經驗的客服中心，變成全公司第一名，成效好到公司全國各地的客服中心經理，都跑來親自見證。

僅僅 3 年半之後，羅伯升任區域副總裁，負責監督六個部門。今日，當初他在鳳凰城團隊面前打開的劉易斯與克拉克地圖，依舊掛在他印第安納波利斯的新辦公室。

## 班傑明的連結方式：溝通管道如今大開

世界上有許多可以與我們談論傑出工作的圈內與圈外人士。但就在我們眼前的人呢？在走廊上擦身而過的人也可能有好點子；或者是每日天南地北和他們聊，但就是不會談到我們的工作的人。如何才可以拆掉個人、團隊與部門之間的隱形牆壁，變成開放的談話？我們和波士頓一位傑出的音樂家討論，他為我們揭開神秘面紗，讓人看見一切皆有可能。

● ● ●

交響樂團的指揮擁有很大的權力（有的人甚至會說是至高無

上的權力）。部分原因是指揮擁有超越一般人的天份、能力與訓練，但也是因為實際的理由：能讓100個左右具有創意的音樂家，演奏版本相同、情感相同的音樂，而且是在同一時間。

除此之外，傳統也是一個原因。交響樂是壯觀的表演。幾百年來，古典音樂就是這樣被詮釋，這樣被表演。事實上，看著全知全能的指揮棒以至高無上的權威指這，指那，所有人無不聽從，那是一幅驚人的景象。每一位指揮者的角色，都由指揮權定義，而不是與團員交談。貢獻傑出工作點子時，小提琴手、大提琴手與雙簧管手不會被納入談話對象。在大部份的交響樂團，指揮擁有最高統治權，沒什麼好說的。

接著出現了班傑明・山德爾（Benjamin Zander）這位指揮家。

山德爾大師受人敬重的原因，在於他創辦了波士頓愛樂（Boston Philharmonic），然而他擁有非常不一樣的觀點——甚至被人們說他離經叛道。

山德爾已經指揮波士頓愛樂超過30年，但他的指揮資歷更長：近半個世紀。當然，在指揮台上他是重要人士，但在他的職業生涯，不只是很多人看到的那一面，他還擁有另一股特別的力量。大部分指揮家出名的原因，是凌駕於音樂家之上，指揮著他們。但山德爾出名的原因，卻是因為他和音樂家的平等關係。不論是學生、半職業或職業樂團，他的交響樂團是世上的少數特例。在他的樂團，對話是雙向的，指揮台會和演奏者溝通，演奏者會和

指揮台溝通，而這一切全是因為山德爾三十年前的靈光一閃。

他告訴我們：「當時我 45 歲。指揮了 20 年後，我突然了解一件事：樂團指揮不必出聲。他的力量來自有能力讓別人覺得自己有力量。這個領悟改變了我的一生。我發現我的工作是要喚醒其他人的可能性。」

剛開始，要如何與團員出現雙向對話，有一些根本上的問題。山德爾要如何徵詢團員意見？他們可以如何詮釋樂曲？他們最喜歡過去錄製的哪些作品？小號最喜歡何時吸氣？由於排練時的溝通傳統上為單向，由指揮告訴音樂家該怎麼做，山德爾必須想出新辦法，反轉意見的溝通流向。

山德爾稱之為「白紙」（white sheet）。

每次排演前，他會將一張白紙放在每一位樂手的譜架上，接著請他們寫下觀察，什麼都可以，好幫助他幫助所有人把音樂演奏得更美。這單純是在請每個人發表意見——而不是發表旁人意見，也不是試圖猜測指揮的心思，而是要寫下在音樂的詮釋過程中，真正的想法。

一開始，大家填寫的意見多半打安全牌，心得寫的是實際的問題：各聲部與樂譜的協調等等。然而慢慢地，樂手開始相信山德爾的誠意，對話與點子逐漸湧現、深化，大家開始有信心。

　　山德爾白紙的神奇之處，在於讓每一位團員參與。很快地團員開始分享他們的音樂見解與專業知識，以及每次排演時遇上的事。那是山德爾真正想要的東西。他在《A級人生：打破成規、發揮潛能的 12 堂課》（ *The Art of Possibility* ）一書寫道：「一個由 100 名樂手組成的樂團裡，一定會有偉大藝術家。有人對於樂團要表演的作品，有著深入或專門的知識。有人則知道節奏、樂曲結構、或是彼此各聲部之間應該如何如何。從來沒有人要他們交流這個主題。」

　　「白紙」對於頭幾次的排練，造成很大的影響。改變了成員的事業──不只是樂手的事業，還有山德爾的事業。他告訴我們：「那些白紙讓我深入了解無法用其他方法了解的事。我身為指揮的力量沒有減少半分，而是被增強，每一位樂手的力量都被增強。」那是與他人連結帶來的影響。在「富比世觀察調查」（Forbes Insights Survey）中，這個概念躍然紙上。每 100 個讓事情不同的專案中，有 72 個案例的員工會和圈外人談論自己的工作。

　　30 年後，那些白紙出現在每一次的排練──而且不只是波士頓愛樂，山德爾在全世界各地的樂團擔任客座指揮時，都會這麼做。他告訴我們：「排演過後，我會閱讀每一位樂手的每一張白紙。如果我採納某位樂手的某個點子，我會在演奏到那一段時，與那位樂手目光接觸──我會在排演與演出的時候，讓他們知道我意識到他們的貢獻。很神奇的是，那些時刻變成個人時刻。」

# 連結更外圈的人

2006 年，《連線》（*Wired*）雜誌替連結距離最遠的外圈人，發明了一個新詞彙：「群眾外包」（crowdsourcing）。群眾外包是指請專業陌生人組成的線上社群，幫忙解決困住公司團隊的問題。那就像公開下戰帖，所有人都能參與，即使是有點奇特、實驗室還充當音樂工作室的加拿大電機工程師，也可以一起來。

這個人是艾德華・梅爾克雷克（Edward Melcarek）。

艾德華是「InnoCentive」創新中心 14 萬名自由「解決者」（solver）中的一員。這間公司透過群眾外包協助組織解決挑戰。艾德華以外部人士的身份，解決難倒高露潔棕欖（Colgate-Palmolive）頂尖研究員很長一段時間的問題。

這個問題是：找出方法，讓氟化物粉末在不會消散到空中的情況下，填充至管內。

連高露潔棕欖的化學家團隊都束手無策的問題，艾德華要如何輕鬆解決？首先，他不是化學家，他從物理學觀點看這件事。

解決之道：讓氟化物粉末帶正電，並讓牙膏管接地；帶正電的氟化物粒子會被吸附到管內。太厲害了。高露潔棕欖的團隊是否感到沮喪，最後是由業餘人士找出答案？事實上他們不太有那

樣的情緒，畢竟到外頭尋求解決方案是他們的點子，而且這個點子有效。艾德華以巧妙手法讓事情不同，贏得 25,000 美元獎金。相較於由高露潔棕欖的研發人員找到解決辦法的成本，這個數字是九牛一毛。

哈佛教授卡林‧拉哈尼（Karim Lakhani）曾研究解決問題的有效程度。他在一份 InnoCentive 報告指出：「我們發現在解決者沒有正規專業技能的領域，成功的機率事實上會變高。問題離他們的專業知識愈遠，愈可能解決。」

以高露潔棕欖化學家的例子來說，他們不需要更多內部圈子的腦力激盪、突破或資助。而是需要與外部知識的新連結。

要到哪裡找圈外人士，和他們聊？很簡單，從內部圈子開始。可以問朋友、家人、同事，看他們是否認識某些人，我們可以和那些人談我們想要帶來的不同。朋友的朋友是展開外圈對話的快車道。

史丹佛大學的社會學家馬克‧格蘭諾維特（Mark Granovetter）以社會網絡理論出名。他在一項研究中，詢問 282 名工作者（包括專業、技術與管理人員）如何找到工作。僅 16.7% 的人靠著內部圈子的關係找到工作。剩下的 83.3%，都是透過他們幾乎不認識的人找到工作。最有幫助的人是朋友的朋友，馬克稱之為「弱連結的力量」（strength of weak ties）——這幾個字精簡說出圈外

對話可以帶來的影響力。

　　與外部圈子連結是一個迭代的過程。一場對話帶來另一場對話，接著又帶來另一場。過程之中，愈來愈多點子冒出來，連結在一起，開創出新的可能性。過程之中，會慢慢建立起傑出工作夥伴社群，協助我們，想出更好的改善方法，讓我們達成決心帶來的不同。

## 體驗對話的 7 種好處

　　讀到這裡，你很容易就能看出製造新連結可以如何擴展可能性。事實上，我們發現連結有 7 種你可以留意的好處：

1. **更多原創的點子。** 我們必須處理的新鮮點子愈多，那些點子就愈能彼此互動，去蕪存菁，點子與點子將彼此合縱連橫，讓人看到可能性。即使是處理相互競爭或對立的點子，也能幫助我們得出更完整的全面觀點。

2. **受惠者代言人。** 我們對話的人士，可以扮演未來做出改善時的受惠者。如果仔細聆聽，其他人可以讓我們清楚看見如何打動目標對象的心，並在理智上說服他們。

3. **反對的觀點。** 不是每個人都會了解或喜歡讓事情不同的點子，而他們的看法也是很有益處的意見回饋，不能忽視，也不能因此感到被冒犯。無動於衷、興趣缺缺，甚至是憤世嫉俗的人，擅長把美夢帶至現實面，他們會指出點子的

問題、弱點以及缺乏遠見之處。

4. **特殊專長。** 每一位與我們共享進步之旅的人，都有自身獨特的能力。或許我們想做的事，他們之中已經有人做過類似的事，也或者他們擁有我們缺乏的技術。

5. **令人振奮的正面跡象。** 事情冒出火花、點子正在連結、答案呼之欲出時，烏雲會散去，你的頭腦會突然清楚起來，一切突然迎刃而解。那會令人感到勝利的快感，讓我們知道自己正在完成一件非常酷的事。

6. **讓事情不同的社群。** 和圈內的同事、朋友對話，再加上和圈外的專家、盟友對話。這可以帶給你支持網絡──集合眾人的智慧，大家有相同的渴望，希望能做出很棒的東西，使改善事情的努力成真。

7. **釐清視野。** 傑出工作對話能幫助我們披荊斬棘，去蕪存菁，釐清目標，讓想帶來的不同的真實潛力，出現在眼前。

　　我們將在下文的故事中，一次看到和圈外人談話的七種好處。這個優秀例子將讓我們看到，一連串的對話如何讓兩個人著手解決這個時代最重大的問題，並帶來深遠影響。

　　想像一下，如果說世上最貧窮的人，其實不是需要救濟的對象，而是全世界最具創業精神的人？

　　想像一下。

如果說窮人，那些窮到令人感到罪惡、憐憫與哀傷的人其實不需要救濟，而是需要創造傑出工作的機會？如果幫助他們創業的平台非常簡單，例如只需要一個網頁，讓已開發國家的群眾，可以借錢給開發中國家的創業者，那會是如何呢？

這裡我們要介紹潔西卡（Jessica）與邁特（Matt）。

2004 年時，潔西卡是史丹佛商學院教員，邁特是電腦程式設計師。當時兩人只是朋友，兩人都抱有願景，想用很酷的商業點子，讓世界不同，不過兩個人都還沒想到什麼好點子。接著一天晚上，潔西卡聽了穆罕默德·尤努斯（Muhammad Yunus）博士的一堂課。尤努斯是孟加拉鄉村銀行（Grameen Bank）的創辦人，該機構提供小額貸款給窮人，不要求擔保品。

潔西卡表示：「我突然腦中靈光一閃，心中大受感動。尤努斯博士以崇敬、莊嚴的態度談窮人，讓人感到要起而行，而那正是我一輩子的目標。」

就這樣，一個新連結出現，讓事情不同的契機冒了出來。潔西卡心想：「我想做類似的事。」

回去後，潔西卡和與邁特討論，然後又討論，然後又多討論了一些。他們以前就曾多次討論過創業點子，但這次的談話不同。這次的談話令他們發揮創意，想出源源不絕的點子。他們感受到

心中的熱情，決心要做一些事。這個念頭在兩人的腦中生根，揮之不去。

　　大約在一年內，這些初步的點子愈來愈成熟，最後變成「Kiva.org」：世界上第一個靠著借貸連結人們、致力於消滅貧窮的網站。請留意重點是「連結人們」。舉例來說，美國堪薩斯城的一名護士與迦納一名養蜂人，美國羅里（Raleigh）一名老師與柬埔寨一名菠菜農夫，美國波特蘭（Portland）一名學生與巴基斯坦一名木匠。透過小額借貸（僅 25 美元），這些人被連在一起。那 25 美元將被一點一點還完，借錢的人如果願意，那筆款項將再次被借給其他地方的創業者。

　　邁特表示：「把錢借出去是在連結。從某方面來說，錢是一種資訊。借錢給別人會創造兩個個人之間一種持續不斷的溝通，那個連結的力量大過捐錢。」

　　Kiva 源自許多貸方想連結的小型創業家，商業模式的精神是讓事情不同，一次 25 美元。借 25 美元給別人，得到近況回報，拿回借出的錢，然後再來一遍──一切都發生在網路上，那是一個自我規範的借貸市場，由 Kiva 監督。

　　以下並非完整故事，僅節選幾個讓 Kiva 成功的對話：

## 好處 1 與好處 2──更多的點子，以及受惠者代言人

潔西卡聽完尤努斯博士的演講後，立刻跑到東非，用自己的眼睛親自去看，用自己的耳朵親自去聽。她代表地方上的非營利團體去見鄉村創業者，訪問他們。她的工作內容：分析創造小型企業工作機會對地方家庭的健康與生計帶來的影響。換句話說，她是在與地方創業者對話。夜晚是點著蠟燭探索，以及蒐集豐富點子的旅程。她將地方創業者的話與感受記在紙上。

潔西卡打電話給人在家鄉的邁特，天南地北討論地方創業者面臨的各種不可思議的障礙。經常出現的話題是缺乏初始資本。

邁特很快就到非洲加入潔西卡。他帶著照相機，跟著她到肯亞與坦尚尼亞。潔西卡與邁特透過文化相關問題，蒐集當地人（缺乏）生活品質的資訊，了解地方創業者有哪些小型創業機會，以及他們碰到哪些成長阻礙。兩人在 150 場交談中碰到的人，都是無價之寶，他們代替 Kiva 未來的客戶發言。潔西卡與邁特回家時，對於人們會喜歡的不同，有著更深的認識。

## 好處 3 與好處 4──反對者與專家

另一場對話的對象是 Unitus 執行長。這間公司致力於減少世界的貧窮。執行長仔細聆聽潔西卡與邁特的點子，直接指出一個潛在的問題。執行長表示：「聽起來要擴張規模並不容易。」邁

特說當時覺得「自己像是被揍了一拳」。然而那是一個關鍵的看法。借錢的人會想知道自己的錢跑到哪裡、借給了誰。世界各地的創業者與貸方人數可能成長，要處理那個部分的行政事務，將是一場愈變愈大的噩夢。

　　同樣地邁特精明幹練的朋友也指出：「在網路上借錢不是那麼簡單的事。」借貸當然會碰上各式各樣的政府法規要求。借貸是一種證券，邁特知道如果 Kiva 成功了，某個政府的某個人士將開始關切。美國方面，證券交易委員會（SEC）大概會出面。

　　天啊。他們的點子要胎死腹中了嗎？不，恰恰相反。

　　他們的點子被延伸、挑戰、開展、愈變愈好，踏上成真的旅途。反對的觀點只是在幫助他們抵達成功而已。

　　潔西卡立刻尋求法律協助，敲了許多門。她所聯絡的人，大多不敢碰證券化的模糊地帶。有一天她打給 47 名律師都沒結果，然而打到第 48 人時，賓漢麥庫勤（Bingham McCutcheon）法律事務所的奇朗·賈印（Kiran Jain）律師看見他們的願景，幫助 Kiva 成為非營利組織。

　　大約在同一時間，邁特拿起電話打給證交會。他誰都不認識，卻打給龐大的政府組織。誰會做那種事？然而在此同時，他又有什麼好失去的？他們的點子還在醞釀期而已。他只是想知道如果

Kiva 成立了，證交會會有什麼反應。邁特說：「這次的經驗，讓我深深學到一課。在這之後，我多次運用這個教訓：就算是嚇人的龐大組織，裡面的人也只是一般人。光是以透明的方式和他們聯繫，也可以得到很多。」通話 5 分鐘後，邁特就被轉給專員。經過一連串的談話之後，那位專員協助邁特與潔西卡做出一個關鍵決定：他們的借貸不會包含付利息這個部分，使用者不會拿到利息。沒有利息的話，證交會不太可能視相關借貸為證券。邁特指出那位證交會專員提供非常大的協助：「他立刻認同這個社會使命，提供了不可思議的協助。」擁有特殊專門技術的人，當有機會讓事情不同，很容易就能讓他們一同參與。

## 好處 5──令人振奮的正面跡象

2005 年春天，邁特與潔西卡決定做最後測試，以求在正式推出 Kiva 前，得到更多意見，試驗他們的點子可不可行。烏干達托羅羅（Tororo）7 名小型企業的創業人，被列入正在尋求資金的潛在新創事業。邁特與潔西卡在托羅羅的友人摩西·昂揚格（Moses Onyango）想協助組織創業者，邁特與潔西卡透過電子郵件把消息發給 300 名親朋好友。7 名創業者一共需要 3,000 美元。在一個週末之內，靠著一個人借 25 美元，就募到需要的全部款項。

## 好處 6──讓事情不同的社群

摩西幫助邁特與潔西卡組織第一次的烏干達 7 筆借貸，以及

之後的 50 筆。他開始在網路上寫部落格，在 Kiva 網站上，依照時間記錄創業者成功的情形，以及他們遇到的挑戰。

接著發生了一件事——參與的人數暴增。成群的人們開始連結 Kiva。大大小小的人際網絡漸漸變成社群：一個大家都想幫助小型創業者的社群。

世界上最大的部落格「每日科斯」（Daily Kos）讀者超過 100 萬人，而這個部落格提到了 Kiva。那天早上，Kiva 的網站冒出 1 萬美元新貸款。電子郵件不斷湧入，許多信件來自世界各地的微型金融機構，包括保加利亞、盧安達、尼加拉瓜與加薩。這些機構希望自己的貸款申請人，能被列在 Kiva 網站上。有了相關單位的合作，擴大規模的問題（讓邁特感覺被打了一拳的問題）事實上可以被輕易解決。要增加 Kiva 的能見度與影響力，就要把 Kiva 概念推廣給夥伴網絡。

有一天，一個陌生人普利墨・夏爾（Premal Shah）突然出現。普利墨之前替印度微型金融組織工作，剛放長假回來。邁特說，普利墨是「缺少的那塊拼圖。潔西卡和我都是坦誠、小心翼翼、無微不至、策略與技術型的人。普利墨則熱情、富有魅力、傑出、瘋狂投入，從不休息。」普利墨在 PayPal 待過 6 年，身邊的同事後來一同建立了 YouTube、LinkedIn 與 Yelp。他擁有網路付款系統的專門知識，也願意冒險，完美補足潔西卡與邁特的不足。

最後在眾多擁有相同信念的人士支持之下，潔西卡與邁特得以選擇「一群擁有衝勁、精力與實務精神的人，那是金錢買不到的。」他們讓朋友、同事、盟友聚集成一個社群，準備好「讓計劃變成機構」。

## 好處 7——釐清視野

潔西卡與邁特一步步改善調整，他們的靈機一動變成一間非營利組織，目前已借貸超過 3 億美元給 70 多萬名創業者，遍布全球 60 多國，而且那是本書寫作時的數字，每一分鐘都在改變。

潔西卡與邁特所做的事情的本質，所追尋的道路，以及他們的發現，全都來自充滿資訊、啟發人心的對話。

潔西卡與邁特著手做這件事時，並非外國援助、微型貸款或國際金融專家，然而透過對話，一個接著一個的對話，他們成為讓事情不同的人，讓自己的夢想成真。

你能否想出你可以和外頭的誰談論你的工作？可以帶來一些啟發的人？可以帶來你缺少的專長的人？或是能夠以有助益的方式，挑戰你想讓事情不同的點子的人？你能否問一問朋友，看看他們是否有能和你聊的朋友？得獎工作研究顯示，和這樣的人談話之後，工作影響最終財務表現的可能性，將為 337％倍。這是開始和圈外人談話不錯的理由。

## 摘要回顧：本章技巧提要

 **和圈外人談話**

### 與圈內和圈外人談話

—留意新想法、新點子。

### 邀請他人加入你的傑出工作探險

—人們天生想和他人分享意見，好好運用這點。

—向他人介紹你的靈感。

—詢問哪裡有可以改善的地方。

### 讓一場對話引導你到下一場對話

—問其他人你下一個應該和誰談。

—運用 LinkedIn 與 Facebook 等工具，擴展你的圈子。

—思考能否利用群眾外包，接觸到遠遠超越熟人圈子的人士。

### 從每一次的對話，盡力蒐集資訊

—尋求專門知識。

—探討反對觀點。

—蒐集原創的點子並釐清事情。

—記下所有你聽到的好點子。

# 改善配方

我們增刪執行的點子，直到每一件事彼此配合，得出值得努力的改善。

　　前文介紹的 3 種讓事情不同的技巧，會帶給我們許多可以著手進行、具有創意的新點子。那接下來呢？

　　創造出乎意料價值的人，不會每一次腦中出現點子時，就不顧一切，立刻跑去改善事情。他們在投入之前會先觀察，三思而後行。會先大膽畫上幾筆，接著才開始加上修飾的細節。簡言之，他們會先在心中描繪改變，然後才著手讓事情成真。

　　我們研究傑出工作時，發現讓事情不同的人擅長反覆思考、擬定草稿、計畫、調整以及琢磨他們心中所想的改變。我們把這種技巧稱為「改善配方」。讓事情不同的人透過這種技巧，得以考慮每一個點子將帶來的潛在影響，加以修改，找出可能成功、也可能不會成功的新點子組合。

　　我們的大腦有一塊特殊區塊叫「前額葉皮質」（prefrontal cortex），此區塊讓每一個人都有上述能力。以哈佛心理學家丹尼

爾‧吉伯特（Daniel Gilbert）的話來說：「人類大腦擁有強大調適力，我們試著讓事情成真之前，有辦法先在腦中演練一遍。」

換句話說，人類很重要的一種能力，就是能在做出改變之前，先看到改變會帶來的影響。每一次的新發現，每一樣酷炫的科技產品，每一種治療方式，每一本書，每一部電影，或是我們愛吃的義大利麵，都源自某個人首先想出讓他人開心的新方法，接著又讓那個願景成真。

但有時候，大腦神奇的前額葉皮質需要一點幫助，才能集合所有最好的點子。此時「改善配方」這項技巧將派上用場。

● ● ●

1920 年代時，華特迪士尼工作室（Walt Disney Studios）是令人興奮的地方。當時動畫還處於相當初步的階段，第一批卡通正在躍上大螢幕，例如《汽船威利號》（*Steamboat Willie*）等黑白片。然而當時的動畫和現在一樣，成本極高，而且過程相當耗時。動畫師必須替每一秒鐘的畫面，畫 24 張圖。因此看起來像是漫畫書的「故事草圖」（story sketch），被用來事先設計幽默畫面與故事元素。在 1930 年早期，迪士尼動畫師韋伯‧史密斯（Webb Smith）在不同的紙張上，畫下一些場景，然後釘在佈告欄上，依序說出故事，這是為人所知的最早的動畫分鏡腳本。分鏡腳本讓動畫師得以想像每一個玩笑的效果，以及故事的整體流暢感與可

愛程度。在正式畫每一張圖之前，如果有任何需要更動的地方，都先想好。迪士尼喜歡這個點子，1933 年時，《三隻小豬》（*The Three Little Pigs*）成為第一部製作前先畫出完整分鏡的迪士尼動畫短片。接著其他動畫與真人電影製片廠也開始使用分鏡圖。從希區考克（Alfred Hitchcock）、柯恩兄弟（Coen Brothers），一直到雷利・史考特（Ridley Scott），後來的製片者無法想像不先用分鏡圖看一下效果，就開始拍攝昂貴畫面。分鏡腳本有諸多好處，此處只列舉幾項：

1. 分鏡圖以視覺方式呈現。
2. 有彈性、可以調整。
3. 可以讓人發現問題，想出解決辦法。
4. 具有互動特質，可促成合作。
5. 可以激發點子，幫忙下決定。
6. 省下執行糟糕點子的時間與金錢。

當然，分鏡圖是某些特定領域使用的東西。不同職業會用許多不同的方式探索需要改善的地方。建築師會用藍圖，經理會用白板，製程工程師會用圖表，網頁開發者會用線框圖（wireframe），工業設計師會用 CAD 軟體，品牌顧問會用情緒板（mood board），橄欖球教練會用「×」和「○」。讓新點子成真之前，有成千上萬種考慮的方式。

我們訪問過的一位設計師，因為太想讓自己期待已久的廚房

整修出現很好的效果，她和幫她做櫃子的師傅，先做出所有櫃子與用品的複製品，讓她能夠在新廚房走動一陣子，感受一下，確認高度、寬度、儲物選擇、走動空間、做事的方便程度以及動線都是她想要的，然後才用真正的石塊、磚塊與鋼鐵動工。強迫症？是的。瘋狂？大概。但我們參觀了這位設計師的廚房，那個地方除了美觀大方，每一樣東西似乎天生就該擺在那裡。

重點不是「改善配方」應該讓人大費周章，或是弄得很麻煩；而是帶來不同的人懂得在執行之前，要先輕鬆試一試，做出模型，微調，看一看怎麼樣做比較好，找出可能成功的變動。

由於各行各業都有自己的模型傳統，我們不會告訴你調整配方時，有特定的最佳方式。我們可以用草圖、白板、圖表、藍本或是把點子寫在 3x5 卡片上，然後在會議桌上調整位置，這些都可以有很好的效果。但重點不在於如何變動配方，而在於要去改變配方。我們的《富比世觀察》員工與經理調查顯示，「改善配方」技巧出現在 84% 的傑出工作範例。

20 世紀的設計大師查爾斯・伊姆斯（Charles Eames），這位經典「伊姆斯休閒椅」（Eames Lounge Chair）的創造者曾說過：「玩具不像表面上那麼單純。玩具與遊戲是嚴肅點子的前奏。」

從某個角度來說，模型、草圖、圖表都是玩具，讓我們有辦法試一試自己的工作。它們讓我們得以把點子甩在牆上，像義大

利麵條一樣，看看能撐多久。

　　帶來改變之前，模型被刻意用來讓我們得以觀察變化元素，問自己：這個改良會讓事情不同嗎？人們會喜歡這個改變嗎？大家有多想要這樣的改變？有多酷？行得通嗎？能有多少獲利？能順利地與我們已經做得不錯的事整合嗎？

　　改善配方時，必須發揮創意。因為是在嘗試可能性，那令人興奮。過程之中，可以仔細琢磨我們試圖帶來的不同。可以玩一玩，嘗試不同的改善方法，看看是不是有簡單的替代方案，這將帶來美好成效，並體驗一切似乎已經就緒的神奇時刻。讓事情不同的人，以3種簡單但強大的改變工具做到這點：

1. 加法。
2. 減法。
3. 檢查合宜度。

## 「配方圖」簡介：加法、減法、檢查合宜度

　　為了檢視讓事情不同的過程，我們建立一個簡單的傑出工作分析模型，並命名為「配方圖」。「配方圖」讓我們能把傑出工作放到顯微鏡底下檢視，觀察讓事情不同的過程，想像帶來不同的人大腦如何運轉，仔細檢視他們做了或沒做什麼之後帶來的正面改變。重複的步驟是什麼？為什麼某項改善成功了？另一項沒

有？下文即將介紹「配方圖」如何幫助我們了解計劃起步時的良好元素、有人做了什麼增加價值，以及相關改變如何帶來人們喜歡的不同。

讓我們來看一看各式各樣的「配方圖」，了解如何靠著加法、減法，以及確認合宜度，讓「好」計劃變成「傑出」計劃。

## 簡易加法

目前為止我們討論過的許多傑出工作，都來自添加新東西：把國際學生加進鄉村學校、把翠鳥形狀加進子彈列車、把更友善的招呼語加進保險公司的客服中心。在我們的四周，簡單加法的例子到處都是：手提箱加輪子；計程車加信用卡；網路地圖加衛星照片；汽車座椅加座椅加熱器。

事實上，加法的力量十分正面、十分令人上癮，但我們千萬不能忘了最初的問題：「人們會喜歡什麼？」有些人會太熱衷於一直加、一直加，最後加進無人在乎的元素。雖然成功讓事情不同，但不是人們喜歡的不同。就好像為什麼 DVD 播放機有成千上萬種功能，但你只用其中 4 種。

有人一直加，但徒勞無功。事實上，讓事情不同的關鍵，在於只加需要的東西，不多加不需要的。訣竅就在這裡。讓事情不同的藝術，在於加進讓整體進步的事物，讓整件事變得更好——

而不是讓事情一樣或更糟。這不一定是件簡單的事，而且不一定黑白分明，不過讓事情不同的訣竅是我們的指標，可協助我們做出正確加法。如果我們善於問、觀看、談話、改進，以及讓事情不同，做出正確加法的機率將呈指數成長。

● ● ●

不久前，大衛（Daivd）擔任地方童子軍的募款委員。他的經驗很簡單，但卻是具有啟發性的改善配方範例。

多年來，童子軍都舉辦同樣的早餐募款會，也很成功。以下是經過簡化的「配方圖」，說明委員會著手進行事情時，手中握有的良好元素：

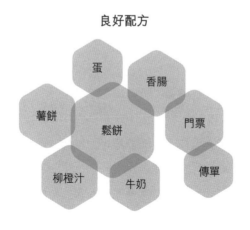

童子軍委員會擁有的配方

　　一場簡單的早餐募款會就像這樣。人們抵達、付錢，然後吃東西。扣除成本後，每年的早餐會永遠都能募到 1,100 美元左右。然而今年童子軍招收比較多男孩、辦比較多活動，要應付更多開支，因此委員必須想辦法舉行更大型的募款會，讓事情不同。

　　不過委員會的成員十分明智，他們腦力激盪的目標，不只是為了籌更多錢。而是問自己：「我們可以做什麼男孩和父母都會喜歡的事？」換句話說，問對問題。

　　我們很容易就能想像腦力激盪的情景。有人想到增加新菜色：甜麵包、冰沙、墨西哥早餐捲餅。然而想像這些改變帶來的可能影響時，似乎沒有一個會帶來夠大的不同。其他點子包括更常舉辦募款活動（例如每一季都辦一次童子軍早餐會）、挨家挨戶推銷雜誌、音樂會和洗車。

　　最後一個點子讓大家的腦筋動起來。

　　洗車成本低但報酬高。委員第一次想像新元素的組合時，覺得洗車或許可以搭配早餐。車主吃東西時，男孩可以洗車。靠洗車收更多錢。車子或許能被洗乾淨，但洗下一輛車時，洗好的車可能又會被弄髒。若沒有好好監督，孩子們可能打起水仗。必須有人幫忙把車子開進與開出洗車地點。委員會成員想，16 歲的人開鄰居的車，會有法律上的責任。嗯，不妙，還是算了吧。洗車是個還可以的主意，只是和早餐會不搭。

　　當一個新的增添（例如洗車）不會大幅度讓原本的組合變得更好，我們應該簡單拋到腦後。更好的組合元素，不會彼此衝突、彼此競爭。你想到很棒的組合時，你會感覺得到。每件事似乎都很搭。

　　幸運的是，洗車的點子在其中一位委員的腦中，出現意想不到的連結。他說：「嘿，或許我們不能洗車，但我有一些朋友，有古董車和改裝車，不如我們多辦一個車展？」嗯，車展。一開始眾委員沒說話，大家想了一下，腦筋開始轉動，接著臉亮了起來。「我也認識有古董車的人。」「我有朋友是賣車的。」「我鄰居有一輛修復的福特Ｔ型車（Model T）。」大家開始熱烈討論。

　　一個新配方就這樣冒出來，看起來像這樣：

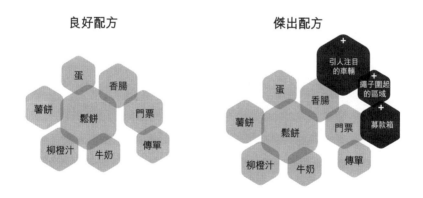

童子軍委員會擁有的配方

　　委員討論著早餐和車展。討論得愈多，就愈覺得這兩個點子似乎可以搭在一起。其中一人表示：「那似乎是一拍即合。男孩、爸爸、食物與車子——不需要天才也能看出關聯。」委員會馬上看出舉辦車展會是一件簡單的事，只要他們蒐集車子的朋友肯答應，借來幾輛車，在停車的地方用繩子圍一區出來展覽，弄出博物館的感覺，然後在入口處放第二張捐款桌。好了！童子軍早餐會與車展。

　　委員的直覺完全正確，大家愛死這個點子。

　　觀察委員會帶來的不同後，可以看出加入車展這個元素後，募款活動在幾方面變得更好。活動傳單多了吸引人的點，帶來從前沒有的好奇心與興奮感。開車路過早餐會的人，可以從停車場的福特 T 型車與雷鳥（Thunderbird），看出那裡在辦很酷的活動。更多人跑來，而跑來的人又捐了更多錢。我們的得獎工作研究發現，改善配方讓計劃影響組織財政的可能性，多了 278％倍。把車展加進早餐會，最終讓童子軍那年募到 4 倍款項。這項二合一的活動帶來超過 4 千美元，足以付很多次露營晚餐與露營的錢，以及童子軍的松木賽車（pinewood derby car）。

● ● ●

　　如同募款委員會想到加入賽車這個元素前，考慮過好幾個其

他不太搭的點子，帶來不同的人在想出傑出新配方之前，也常經歷想出又否決許多點子的過程。關鍵在於一開始要有很多可以考慮的點子與組合。義大利社會學家維弗雷多‧柏拉圖（Vilfredo Pareto）說過，讓事情不同的人「心思永遠被新組合的可能性佔據」。那是很深刻的見解。帶來不同的人總是不斷評估潛在的改變，以及可能的結果。他們永遠充滿好奇心，想找出引進一個或兩個新元素後，將發生什麼事。毫無疑問，他們的腦子絕對被新組合佔據。

　　有時他們以相當自然而然的方式做這件事（例如約拿和朋友想出「搭配小姐」），有時則以有條不紊的方式（例如 IDEO 的嬰兒車設計團隊）；然而讓事情不同的人，永遠都在嘗試新的價值組合。

## 減法改進法

　　有趣的是，接下來要介紹的改變法寶，有點違反直覺。當我們決定讓一件事變好時，第一件想做的事，通常是加上某些新東西。然而讓事情不同的人，也懂得減法的價值：刪除多餘、不必要、甚至令人不舒服的元素，讓事情變得更好。15 世紀時，達文西（Leonardo da Vinci）說過：「簡約是細膩的極致」。不論是用優雅轉盤取代大量 MP3 播放器按鈕，或是減少甜味穀片的含糖量（例如 Lucky Charms 與 Trix 兩個牌子最近做的改變），減法可能也是帶來人們喜歡的不同的好方法。

　　刪減可以是減少製程時間、減少網站複雜度、減少產品不必要的功能，或是任何拿走人們不愛的元素的其他改進。

　　展開減法的方式，可以是看著原有配方，想一想是否有感覺不對勁之處。安飛士租車公司（Avis Rent A Car）幫優先客戶（Preferred customer）拿掉辦理登記的排隊，讓他們下飛機後可以直接走向自己的車。無紙化帳單、免燙襯衫、無鍵盤的智慧型手機，全都是減法的好例子。前文已討論過藍德的例子，他拿掉攝影的暗房沖洗；也討論過狄妮絲・古根，她讓印第安納的速霸陸不必跑掩埋場。以下這個非常傑出的例子，則移除家電世界的元素：

　　1970 年代末期，中產階級英國人詹姆士（James）很沮喪，因為他的頂級吸塵器總是吸力不足。他研究之後，立刻發現灰塵微粒會塞住真空袋，所以就算是最好的吸塵器，吸力也會愈來愈弱。他有一個直覺的想法：可不可以乾脆不要那個袋子，讓氣流和吸力可以維持下去？這世界當然會喜歡永保吸力的吸塵器。

　　要刪減什麼很清楚，但要讓那件事成真的科技則不明。這個念頭在詹姆士腦中停留好一陣子。他解釋：「我把這件事放在心上，開始尋找可以解決這個問題的技術。」他繼續想著這個問題。一天他在木材廠時，注意到所有的木材機器都連著某種管道，通到高約 30 英尺的大型屋頂離心機。「那個機器旋轉充滿粉塵的

空氣，微粒會往下掉，乾淨的空氣會往上。」他解釋，「我發現那台離心機可以整天清理並分離機器的細灰塵，不會喪失任何吸力——我突然想到：『這在吸塵器上不知道行不行得通？』」

試驗這個配方的時間到了。

「因此我衝回家，用紙箱做了一個模型，接到我的吸塵器上。在大約一個半小時的時間，我測試了世界上第一台不會失去吸力的吸塵器。」詹姆士發現，他必須加上某些東西，才能移除某些東西。他的配方看起來像這樣：

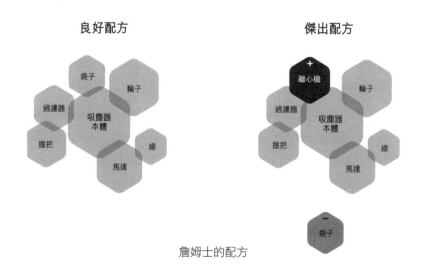

詹姆士的配方

有的改善發生在一瞬間；有的則需要時間調整。詹姆士終於

準備好分享他的傑出配方時，已經製作過超過 5 千個模型與原型機。儘管歷經千辛萬苦，詹姆士把自己的點子帶到吸塵器製造商面前時，他們並不喜歡他們所看到的東西。幾乎每一家大型的吸塵器製造商，都把詹姆士的傑出配方視為威脅，危害著每年約 5 億美元的吸塵袋銷售。

詹姆士必須單打獨鬥。如今戴森（Dyson）是家喻戶曉的品牌，現在看起來，那像是上帝的恩賜。不過去掉所有原型機、技術與卓越研究後，戴森吸塵器只是一個從拿掉袋子開始的簡單故事。

## 檢查合宜度：追求配方的協調

詹姆士·戴森的故事雖然令人振奮，但多數人不是創業家。我們的工作是處理手上的專案，以摩托羅拉的馬丁把車子從汽車電話概念中移除的方式，帶來不同。必須找出點子，保留原本好的地方，並以周遭每一個人都能接受、支持、協助的方式，讓東西變得更好。讓事情改變的點子，必須能夠融入，要配合原本好的地方，又要能配合同一時間所做的其他改變。最後的步驟正是檢查合宜度、評估點子之間的關係。簡單的配方改良很容易就能在腦海裡想像，例如將蜂蜜和堅果加進 Cheerios 穀片。有的計劃則需要處理數十種加加減減同時發生時，所帶來的骨牌效應，此時配方試驗的價值會真正顯現出來。

讓配方協調其實就是兩個字：融洽。一般聽到「融洽」這個詞，

是用在人或團體關係融洽，但這兩個字也能用在點子與想法上，或是被提出的改變計劃。

　　檢查合宜度最基本的原則，就是要讓傑出工作計劃的所有元素能彼此配合，擁有相容性，和諧相處，一同發揮作用。每一個點子都讓其他點子變得更好。

## 悠游在完美的和諧之中

　　這個世界喜歡魚。然而不論是鮮魚塔可餅，或是好市多（Costco）買來的鮭魚排，魚都得來自某個地方。過去50年間，我們以讓大海發出警訊的速度捕魚。世界上一半的魚類，不是絕種，就是近乎絕種。以鮭魚、鮪魚、扁鱈等人們最愛吃的魚類來說，數量暴減九成。讓全球的頂級大廚陷入困境。野生魚數量不斷下降，他們怎麼有辦法繼續提供魚類料理？

　　顯然這個世界未來一定得依靠養殖漁業。然而那是好事，還是壞事？

　　一切要看情況而定。不論是海上的箱網養殖，也或者是陸上的水泥池塘魚池，養魚的地方容易污染環境；擠在一起的魚群容易生病，吃起來也沒那麼美味；最重要的是，這種過程無法永續。鮪魚的平均飼料轉換率是15：1。換句話說，每1磅抵達餐桌的養殖鮪魚，都要拿15磅的野生魚去餵養。那不是最聰明的計劃。

　　全世界各地的水產養殖專家，都正在試圖解決這些問題。然而很少有人像西班牙南部維塔拉帕瑪（Veta La Palma）漁場一位謙虛的中階生物學家一樣，以令人振奮的方式改變魚塭配方。

● ● ●

　　我們拜訪維塔拉帕瑪，得知故事源自一場生態浩劫。故事中的漁場位於西班牙西南端的瓜達幾維河（Guadalquivir River），離河川的大西洋出海口不遠。20 世紀時，當時擁有那塊土地的阿根廷人，建造了複雜的運河系統，抽乾沼澤地，飼養家畜，結果不僅沒賺到錢，還造成環境災難。牧場沒能獲利，抽乾土地害死了當地近九成的鳥類。那是雙重失敗。

　　那塊地的命運在 1982 年開始改變。一家叫西班羅滋（Hisparroz）的西班牙公司買下土地，利用原本拿來抽乾土地的運河，逆轉水的流向。讓運河與低地重新注滿水，讓維塔拉帕瑪變成運轉良好的魚池。

　　米格爾・梅迪亞迭亞（Miguel Medialdea）以中階生物學家的身份，進入西班羅滋公司，協助帶頭的生物學家納西索（Narciso）。納西索深信要用「接近自然」的方式來管理魚類養殖場，米格爾很喜歡這個點子。當時維塔拉帕瑪已經以維護生態的方式經營，米格爾感到事情大有可為。很快地，兩人共同的任務是面對正在改變的市場情況——以更快的速度養出更多海鱸

魚，而方法必須儘量環保。

這個任務令人氣餒。

增加產量意味著更依賴傳統養殖方式——增加野生魚類的捕獲量，拿來餵魚池裡的魚。此外還得用抗生素、魚類疫苗、營養補充劑來餵魚，讓魚群密度過高的池塘魚不會生病。米格爾一生都致力於維持大自然的平衡，對他這樣的博物學家與生態學家來說，那樣的前景令人厭惡。米格爾告訴我們：「維塔拉帕瑪是養魚的完美場所，但我有不同的願景。我看見的是世界上第一座真正的永續漁場。」

米格爾是腳踏實地的人，他在魚塭大樓裡有一張書桌、一台電腦，以及一個小型實驗室。然而他想像一個完全不同的魚塭配方——由大自然來餵食與控制疾病。他喜歡納西索的「接近自然」管理模式，但還想要跨出更大一步。他的新配方包括讓河口的水多淹沒7千英畝土地，讓海鱸魚有更多生活空間，然後引進蝦子、其他魚類，以及微生物，製造天然食物鏈，讓水質變乾淨。米格爾想要移除配方中的人工餵養與廢物處理，增加能做同樣的事、但做得更好的自然系統。他知道生態系統要能運作，就必須讓魚類的天然掠食者，也就是鳥類，重返大地。

納西索非常支持米格爾的新願景，然而米格爾的目標十分激進。他想像「人們會來到維塔拉帕瑪，看見一座大型水鳥公園，

就像自然公園，然而這裡其實是魚塭。」他的改良配方圖看起來像這樣：

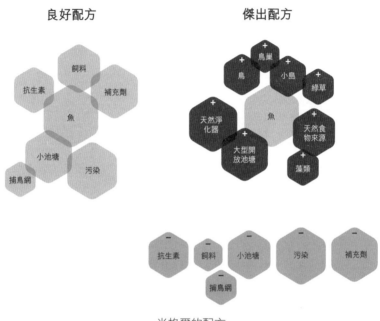

米格爾的配方

　　稍微想像一下，很容易就能看出為什麼米格爾的點子對公司來說，一開始過於激進。蓋鳥巢吸引掠食者到魚塭？太瘋狂了。董事會想盡量讓饑餓的鳥兒遠離公司的魚。用更多土地卻生產更少的魚？瘋了。董事會希望事情會正好相反。

　　納西索與米格爾費了很大力氣，試圖說服董事會及其他人，然而有好一陣子，支撐他們的，只有他們對於改善配方的熱情。

最終米格爾的熱情奉獻，讓新任執行長指定他負責品質控管與環境管理專案，以取得 ISO 認證。如果你不熟悉 ISO 的話，ISO 是「International Organization for Standardization」（國際標準化組織）的縮寫。取得 ISO 認證讓公司得以改善自家的品質、安全與可靠度。雖然大家都追求 ISO 認證，取得認證常被視為無聊的文書作業專案。然而米格爾完全不從那樣的角度看事情。對他來說，ISO 認證程序不是負擔。反而讓他有權改變公司的魚塭流程（為了增加效率）。米格爾可以利用 ISO 認證，讓 ISO 認證變成引進新配方的契機——一次一項品質改善。

米格爾靠著把水注入新池塘、蓋新小島、引進新植物、草地、浮游植物、藻類，改善品質，他的配方開始讓事情不同。慢慢地，鳥兒回來了，水變乾淨，魚開始變大。這樣的變化讓他有信心他的配方會水到渠成。

其他人也一樣。

米格爾從一開始就有預感，生產更大、更乾淨、更好吃、更永續的魚，可以帶來高級美食的新市場需求。事情順利的話，較高的價格與較多的需求，可以抵消每平方英里較低的產量。

他的預感是對的。

〈傑出工作研究〉顯示，人們改善配方時，工作被重視

的可能性會提升 3.17 倍。不意外地，紐約藍丘餐廳（Blue Hill Restaurant）的丹・巴伯（Dan Barber）等頂級大廚，開始尋找米格爾這樣的人士提供的魚──健康、美味、天然、永續。丹第一次嚐到米格爾的魚時，形容：「甜美又乾淨，就像咬了一口海洋」，他開始感興趣。並在親自造訪魚場後，完全入迷。

我們 2012 年年底造訪維塔拉帕瑪時，同樣印象深刻。那裡的魚塭規模實在難以言喻。朝著每一個方向往地平線看去，只會看見巨大湖泊、沼澤地、運河、藍天與鳥兒。米格爾帶我們繞了一圈，告訴我們那裡多數魚兒吃的東西，在野外吃到的東西一樣：植物生物質能、浮游植物、浮游動物與蝦類。這個系統會自我更新。除此之外，瓜達幾維河的河水流經魚塭後，甚至會變乾淨。非生物學家難以理解複雜的自然過程，如何將氮與磷等污染物質，變成健康的活體生物質，不過這裡的重點是漁場的生態系統十分健康，甚至可以淨化水源。魚塭裡的魚所優游的水，比上游的河水還乾淨。

丹・巴伯大廚在他有趣的 TED 演講〈我如何愛上一條魚〉（How I Fell in Love with a Fish）中，分享自己為何熱愛米格爾的魚。丹問米格爾，他怎麼會這麼懂魚。米格爾回答：「魚？我對魚一竅不通。我擅長的是關係。」說的好，米格爾。

即使處理脆弱的生態系統不是我們的工作職責，了解關係是找到和諧配方的關鍵。如果能和米格爾一樣，成為讓事物融

維塔拉帕瑪魚塭

洽──它們彼此相關與互惠的方式──的專家我們可以變成融洽大師。如同維塔拉帕瑪這座看起來更像自然公園的魚塭，配方可以變得優雅與和諧。

● ● ●

　　我們蒐集了一張簡短的線索清單，出現那些線索時，代表可能找到了讓事情不同的配方。這些線索比較像是有用的協助，而不是萬無一失的成功指標。但它們並非來自猜想，而是來自眾人的經驗，包括數千位讓事情不同的人，以及數百位受訪者，我們注意到傑出配方即將出爐時，常會出現三種跡象：

1. 連鎖反應
2.「可以做」的感覺
3. 熱情

## 連鎖反應：讓我想到一個、又一個的點子

在廣告與設計等創意產業，帶來其他點子的點子被稱為有「腳」（have"legs"）。沒有腳的點子孤孤單單，是一次性的死胡同，只有單次的改善，自始自終都只有自己。另一方面，有腳的點子則會催化其他點子，像骨牌一樣，造成未來的變化與改善。點子叮、叮、叮開始從配方流出時，你會知道這次很有希望。

以下這個例子是相當出名的高速連鎖改善。你大概沒聽過柯特・羅伯茲（Curt Roberts）這名字，不過柯特詳細告訴我們一次相當引人入勝的，讓事情不同的經歷。

事情發生在柯特擔任耐吉（Nike）全球策略副總裁時。他的工作不是平常人的工作，但也不是樂趣無窮的工作。柯特分享，他以外人身份進入耐吉，而且還擔任主管角色，那不是一件簡單的事。柯特解釋：「大部份的人是在耐吉體系裡慢慢往上爬。公司有強烈的文化，你進去時職位愈高，反彈力道就會越接近有如器官移植排斥般強烈。」

　　柯特最初在麥肯錫（McKinsey & Company）工作，進入耐吉就像是踏上一顆完全不同的星球。他表示：「我很快就發現，這間公司的營運方式完全不同於管理教科書所說的公司應該如何營運。我的麥肯錫經驗告訴我：一、公司的策略要建立在最大的成長機會。二、要把資源投注在那個策略上，創造成功。」

　　「耐吉的方式完全相反。」

　　「支持不會帶來成功；成功會帶來支持。」

　　「耐吉不會定出一筆預算，然後說：『我們來研發網球鞋。』而是公司內部對網球有熱情的人，會在工作之餘培養一些小嗜好。那個人會在晚上和週末工作，製作模型與原型產品，並且拜託別人幫忙。接著那個人會帶著原型產品與企劃書，啪一聲放在當時的執行長菲爾‧奈特（Phil Knight）桌上，告訴他：『菲爾，我們需要進軍網球。』如果那個點子看起來不錯，菲爾會說：『OK』。那是公司成長的方式。」

　　柯特進公司時是傳統的目標協調專家，從他的觀點看，那是瘋狂的對話。「對一個做高階策略工作的人來說，那就像是：『哇，你們在做什麼？那幹嘛需要我的職位？』」

　　然而他開始理解耐吉的文化，進而擁抱那個文化。耐吉的科技實驗室（Techlab）是一個小型的特別專案團隊，負責制定耐吉

鞋類與服飾業務以外的專案。柯特和科技實驗室合作時，實驗不同無線電對講機、手錶以及後來的 MP3 播放器的原型產品。

柯特解釋：「很少人知道，在非常、非常有限的一段時間，其實只有一眨眼，耐吉的 MP3 播放器市占率全球第一──那是在蘋果推出 iPod、打敗所有人之前。」

在此同時，柯特在耐吉團隊裡的友人麥可（Michael），以及其他幾位同事有一個預感：跑者喜歡追蹤自己的進度，記錄自己跑得多快、跑了多遠，燃燒多少卡路里，以及跑步頻率，如果 MP3 播放器可以替他們做這件事，不是很棒嗎？

麥可找到可以附在鞋子上的速度與距離監測器，耐吉與飛利浦（Phillips）合作，製作出「耐吉／飛利浦 MP3 跑步播放器」（MP3 Run）。當時的配方圖如下：

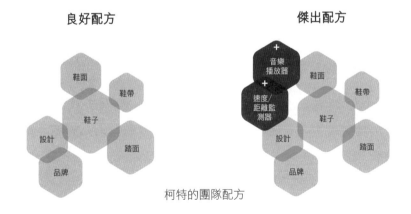

柯特的團隊配方

　　柯特表示：「我們知道跑步的人喜歡一邊跑、一邊聽音樂，也知道他們喜歡知道自己跑了多遠、速度多快等等。所以我們真的認為，MP3 播放器加數據監測器是時髦的好東西，但在市場上推出時不是很受歡迎。產品太貴，鞋子的感應器也太大。需要研發更小、更輕、可以嵌入鞋子的版本時，我們決定和蘋果聯絡。他們有人說：『你們的跑步播放器看起來很酷，來和我們談談。』」

　　蘋果的人看中跑步播放器什麼？一定是看到能配合跑者需求的元素組合。不過更重要的是，他們看見未來的可能性，以新方式與跑者連結，透過音樂（也可以說是透過腳）讓跑步變得更有趣。後來得出的成品就是「Nike+」。

　　耐吉和蘋果開始合作設計產品，兩家公司的團隊探索令人興奮的新配方，研究未來的創意可能。

　　團隊發現，如果你的 iPod 能告訴你跑步統計數據，那它也能當你的個人教練。此外，如果你要聽 iPod 回報結果，為什麼要聽電腦語音？為什麼不聽運動名人的聲音？例如聽見老虎伍茲（Tiger Woods）說：「恭喜你，你剛剛跑完自己史上最快的 5 公里長跑！」

　　柯特說：「一旦把跑步鞋感應器和 iPod 放在一起，事情變得很清楚，我們看見一加一可以等於三。」蘋果與耐吉的行銷團隊，很快就依據那個原本的「鞋子感應器加音樂播放器」組合，想出

其他數百個點子。

「舉例來說，假設有一首很棒的歌，在跑步的時候聽，可以
讓你撐下去。從技術層面來講，現在變得很方便。當你在跑第五
英里時，腳步愈來愈沈重，此時你可以按住中央鍵，聽你的打氣
歌。此外我們也想到有了 iPod，就可以連結 iTunes，而 iTunes 意
味著網路，你可以在網路上和其他人分享跑步數據。那又開啟了
大量可能性。」柯特表示：「在東京的朋友，可以挑戰你跟你比賽：
『第一個跑 50 英里的人贏。』如果你跑了 500 英里，我們可以免
費送你一件 500 英里 T 恤。就是這麼簡單。」耐吉的整體目標是
透過提供跑者更佳的體驗，建立品牌偏好。而現在這個目標突然
多了叫「Nike+」的新朋友。

本書寫作時，Nike+ 的創意骨牌效應已延續多年，不勝枚舉。
Nike+ 團隊增加了線上記錄、依據世界各地跑者年齡的排名、競
賽（最快的 5 公里等等）、事件（包括南北對抗的芝加哥馬拉松
賽前訓練）、訓練計劃、減重計劃、叫陣（trash talking）、卡路
里計算，以及後來加上 iPhone 的 GPS 追蹤與跑步地圖。

Nike+ 是否讓事情不同？噢，是的。在價值數十億美元的運
動鞋產業，很難攻下新的市占率。然而 Nike+ 在 2006 年推出之後，
耐吉的市占率增加 10 個百分點（價值九位數的營收）。為什麼？
柯特解釋，Nike+ 在跑步的世界很「黏」（sticky）。從前你的舊
鞋壞掉時，你可以輕易更換球鞋品牌，現在你則擁有你喜愛的體

驗，那讓你一再回頭選擇耐吉。

## 「可以做」的感覺：搭上突然出現的可行潮流

　　如同米格爾的魚塭點子最初遭到抵抗，有時身邊的人，就是無法理解我們試著用新配方完成什麼。但在那樣的時刻，我們的熱情奉獻以及事情行得通的預感，會告訴我們自己找到了值得努力的不同。在其他時刻，新配方會令人感覺對了，感覺非常可行，讓身邊的人和我們一樣，臉頰因為可能性亮起來。那是非常好的預兆，暗示著我們手上的配方，充滿讓事情不同的可能性。

　　當一個新配方似乎「可以做」的時候，我們不只是在說它具有可行性。也不只是找到可以用合理努力、在預算內完成的事。不是在談成本／利益分析或是資源分配。我們真正在談的是一種排山倒海的可以企及的感覺——一股突然的感覺，讓人覺得改變觸手可及、行得通，以及最重要的是我們感到那個改變值得做。

　　這樣的感覺出現時，我們大概還會同時感受到事情的必然性：相信自己能做到的信念。我們必須去做。我們有時間、有資源、有能力。即使還沒有這些東西，也值得費工夫找到它們。

　　還記得史期普・豪滋的故事嗎？把國際學生加進阿迪朗達克鄉村學校的人？先前的內容尚未分享他把點子告訴學校同仁及鎮上其他人時，發生了什麼事。

　　沒有人期待史期普會找到讓學校人數不再縮減的辦法，但他讓大家看到那個很棒的新配方時，每個人都很喜歡。他說：「我擁有董事會、學校同仁、家長以及鎮上百分百的支持。大家的反應不是：『讓我們來成立委員會研究這件事』，而是『太棒了！讓我們來讓這件事發生』。」

　　然而依舊有很多事得學、很多事得做。史期普團隊很快就發現，自己對於如何吸引國際學生，以及如何照顧他們的需求，知道的不多。然而他們很快就找出答案。配方比原本預想的複雜一些，不過由於最初的點子令人強烈地感到可以做，給了團隊動力去找出配方的細節。

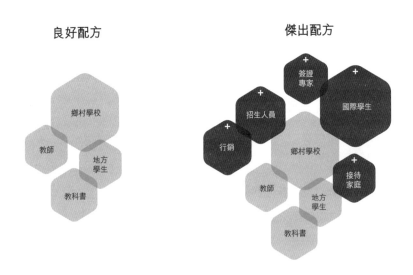

史期普的配方

史期普解釋：「人們放下木工工作，報名當接待家庭，成為學生簽證、學生招募與計劃推廣專家。如果當初點子顯得瘋狂又不可行，我不認為大家會這麼簡單就加入。由於事情感覺天時地利人和——顯然可以在文化上、數量上、學術上、社交上滿足學校的需求——每個人都跳進來讓事情發生。」

## 熱情：那是否讓你精神抖擻？

我們的研究顯示，如果存在對新配方的熱情，可行的感覺與連鎖反應通常會隨之出現。想一想：米格爾的熱情讓他把 ISO 認證專案，變成更好的魚塭。柯特的團隊對於聽音樂跑步的熱情，幫助耐吉與蘋果合作，創造出 Nike+。我們在踏上所有傑出工作的旅程時，大概至少都會有一點熱情，當找到讓事情不同的正確配方時，熱情就會一飛沖天。

● ● ●

亞當（Adam）擁有一家健身房。你可能會想，那又如何。看過一間健身房，就等於看過所有健身房。以外頭 99％的健身房來說，你可能是對的。健身房多年來都一樣，都由同樣的良好成分、同樣的基本元素組成：會員制、健身器材、音樂、電視、置物區、休閒設施等等。然而在 2007 年時，亞當有一個點子：如果有辦法把運動者的體力轉換成電力，不知會如何？在那一瞬間，亞當冒出對傑出新配方的熱情。

　　當時亞當是個人健身教練，沒有任何電機方面的背景，是首次創業。但他卻想讓事情不同，他抱持的環保概念讓他產生「這可以做」的心態。因此他立刻投入，一腳踏進去。首先他在網路上搜尋「環保健身房」，看看別人已經做過什麼。結果什麼都沒有，只找到香港一家小健身房用橢圓機發電。亞當立刻購買那種設備，但買到的東西無法提供他想打造的健身房。事情回到原點。

　　接下來一年多的時間，亞當實驗各式各樣的設備與機械，東拆拆，西裝裝，還讀了賽斯・高汀（Seth Godin）的《紫牛》（Purple Cow），研究所有環保的東西，並且試著和全世界有相同點子的人連結，慢慢讓自己的配方，變成全世界第一間保護生態的健身房：總部位於奧勒岡波特蘭的「環保微型健身房」（Green Microgym）。

　　亞當解釋是什麼推著他向前：「我看見事情可以如此的願景。但不知道要如何抵達，但就是想試一試。我想讓事情不同，給人們多一個健身的好理由，替地球盡一份心力。」

　　亞當保留他起步時許多良好的健身房元素。依舊有會員制度、健身器材、音樂、電視和置物區。然而接下來他讓良好配方變成傑出配方：加上可以替建築物發電的橢圓機與健身車、節省三成電力的跑步機、室外太陽能板、保護生態的建築材料、非揮發性有機化合物（non-VOC）清潔用品，以及回收紙產品。此外，他

也拋棄良好配方中的幾樣東西：不提供毛巾、不賣瓶裝水、也沒有提供冰涼飲料的販賣機。

挖掘讓你精神抖擻的配方就是那樣。一旦點燃火花後，就有熱情努力下去：去蕪存菁，加上會讓「好」變成「傑出」的新東西。

2010 年，亞當進行「我們的綠色優勢」（Our Green Advantage）研究。依據這份報告，相較於其他大小類似的小型健身房，「環保微型健身房」每一天都對環境做出重大貢獻。結合人力與太陽能後，健身房得以自行供應 35% 的電，碳排放減少六成，換算起來是 74,000 磅——等於種植 15 英畝的樹木，或少開 81,400 英里的車。

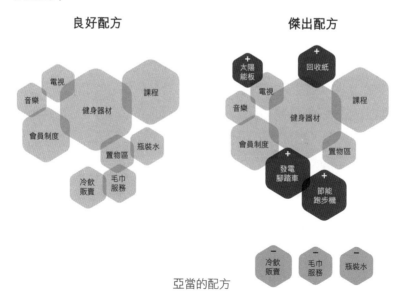

亞當的配方

　　值得注意的是，亞當所做的每一項改變，都是一次對原始良好配方的改良，雖然他無法（也沒有）一次就做出所有改變。他加上了發電橢圓機（一次人們喜愛的改善），然後再加上太陽能板（另一次改善）。一次改變一兩個健身房的配方元素，直到混合出被當成範例的傑出配方。然而亞當的傑出工作之旅就這樣結束了嗎？沒有。我們在談他的例子時，他還在做新的改善。

## 最後一件事

　　每個人都能身體力行，嘗試一下：畫出草稿、用圖表規劃流程、做模型、加加減減、微調、帶來改善。只要越熟練，我們就越能增加與拿掉點子，直到每一件事都配合得天衣無縫。

　　當第一次讀到紐康布鎮的故事時，你一開始就知道小鎮會愛上藉由增加國際學生來挽救學校嗎？看得出那是傑出的搭配嗎？你能在潛在的漣漪效應出現之前，就感受到它們嗎？當讀到米格爾的魚塭時，你是否在某個時間點開始為這個點子加油歡呼，真心希望那能成功？

　　傑出配方出現時，就是那種感覺。加減元素並檢查合宜度以改善配方時，全部都會有那種感覺。

　　出現那種感覺時，只剩一件事要做——開始你的傑出工作，

出發，讓事情不同。

**觀賞丹・巴伯精彩有趣的維塔拉帕瑪漁場 TED 演講，請見**
greatwork.com。

摘要回顧：本章技巧提要

 **改善配方**

### 在點子上下工夫，找出值得努力的改善

一用前三種技巧列出所有你蒐集到的點子。

一試一試各種新組合。

一利用 3x5 卡片、草圖或圖表。

### 增加新東西

一以量致勝。從大量點子出發並刪減。

一思考改變會如何影響你的原始良好元素。

一留心刻意或無意間造成的結果。

### 減法

一靠抽掉東西讓事情變好。

一研究人們不喜歡的東西。

一想出減少與簡化的方法。

### 檢查合宜度

一不要過度。

一記住最初的好元素。

一尋找點子間令人振奮的融洽。

### 留意傑出配方水到渠成的跡象

一尋找連鎖效應。好點子會帶來好點子。

一尋找「這件事可以做」的感覺。傑出點子讓人感覺合理、可行、無法抵擋。

一尋找熱情。如果一件事能讓你的臉亮起來，或許也能讓其他人興奮。

# 帶來不同

傑出工作者執著於正面結果。
直到人們熱愛的最後成果出現時，他們的工作才算大功告成。

　　帶來不同在每一個傑出工作的故事，都扮演著重要角色。那就是為什麼目前為止本書討論過的每一個範例，都具備這個元素，不論那個例子是在強調哪一項技巧。

　　一開始，我們花了一些偵探工夫，找出傑出工作研究的來龍去脈。為什麼大家都說得獎人：「不怕困難」、「一直堅持下去」、「沒有放棄」、「一直撐到最後」以及其他類似的話？類似的話第一次出現時，我們心想：「嗯——完成工作聽起來很重要，這也是很明顯的一件事。我們不總是都想完成自己起頭的東西嗎？是什麼讓那點那麼重要？相較於僅僅是『良好工作』，完成工作和傑出工作之間有什麼關聯？」「有始有終」是否真的是一種讓事情不同的技巧？

　　不論是工作或人生，我們都知道處於最後階段的感覺。經過為時數月的馬拉松努力後，大部分的人會咬牙撐過，全速衝過終點線。這是英雄之旅的最後階段。韌性、不屈不撓與意志力讓

「好」變成「傑出」。回頭看這樣的最後階段時，很容易帶給我們溫暖美好的成功回憶。然而處於那個時間點時，深夜的努力與最後 1 分鐘的衝刺，可能令人心驚膽顫。那是關鍵時刻，會有意想不到的問題跑出來，或是我們覺得會很棒的東西，結果卻不怎麼樣。在這樣的最後時刻，最後戰役，黎明來臨前最黑暗的時刻，我們對傑出工作的承諾會受到考驗。當我們以閃電速度解決問題、及時重新再三調整配方，或正要交出漂亮成績單時，我們最初倚賴的技巧，常會被重新檢視與壓縮。

受訪者一個接著一個告訴我們，傑出工作者所認為的工作完成，有一套不同的標準：一般對於完成的定義是「工作做完了」。傑出工作者的完成定義則是「事情不同了」。

讓我們想一下其中的差異。

如果一直要到看到具體證據，證明事情已經不同了，我們才認為工作完成，那會在多大程度上改變我們的工作？如果一直咬緊牙關，直到交出成果也不放鬆，而要確保接觸到我們工作的人真正感到開心，那會是怎樣的情形？〈傑出工作研究〉證實，讓事情不同的人，不只會投注心力直到事情不同，還會在大部份的工作完成之「後」，繼續追蹤他們的工作。堅持知道什麼成功了以及成功的原因。他們會再多留一陣子，追蹤自己的工作，深入蒐集資訊，了解事情，得出「配方中的改變」與「人們喜愛的不同」之間的關聯。這樣的後續追蹤，讓他們有彈藥一再讓事情不

同——成為一遍又一遍做到傑出工作的人。事實上，帶來不同會變成某種發射台，讓其他傑出工作的努力一飛沖天。

在富比世觀察的調查中，產生帶來不同的結果時，這個元素經常出現。得獎工作的案例中，員工一直努力、直到事情不同的比例是驚人的 90％。

那是值得探討的技巧。

比爾‧克蘭（Bill Klem）是棒球裁判之父，他有趣、公正、嚴明，對這項美國人最喜歡的休閒活動，有著超乎一切的熱情，他曾說過：「對我來說，棒球不是遊戲，而是宗教」。他是第一個在本壘板後方工作時使用手勢的裁判，擁有 37 年資歷，包括 18 年的世界大賽。他被稱為「老裁判」（the Old Arbitrator），這個稱號是在向他火眼金睛的判球功力致敬。有一次他蹲在本壘板後方，準備就緒，投手投出球，打擊手沒有揮棒。有那麼一瞬間，比爾沒說話。打擊手轉身，不耐煩地問：「OK，所以是什麼，好球還是壞球？」比爾回答：「小夥子，在我判決之前，它什麼都不是。」

今日我們無從得知比爾當時回答那句話時真正的心態：是唯我獨尊，還是深富哲理。或許他只是要暴躁的年輕打擊手注意自己的態度。也或許他真的認為，直到他說那是好球或壞球之前，那什麼都不是。真相是哪一個並不重要，富有深意的是「在我判

決之前」幾個字。這簡短的 6 個字，說明了動作完成後得到的回應，有多麼重要。一直到比爾說一顆球是好球或壞球之前，打擊手獨自處於與世隔絕的狀態。無法知道讓球落到身旁是否為好的決定。

不論比爾是有意還是無意間說出那句話，他是哲學家。提醒了我們傑出工作不可能單獨發生，那是不可能的。如果目標是為他人帶來不同，得知是否出現不同，以及了解那個不同究竟如何出現，是所有傑出工作之旅的最後階段。

事實上，日復一日做到傑出工作的人，對於他人是否讚賞他們的努力高度敏感。他們要求知道自己的工作是否被看到／重視，還是被忽視？喜愛或厭惡？以及背後的原因。他們對於欣喜或失望高度敏銳。看得出接受者是否只是在表示禮貌，還是真心喜愛他們帶來的不同。知道除非得到眾人認可，自己讓事情進步的努力才不會是徒勞無功。

• • •

2011 年底時，我們遇到一群替頂尖公司製作網頁的設計師。這些有天賦的男男女女是製作者、創造者，也是公司產品的前線生產者。然而銷售代表、客服代表、中階經理等其他人才是負責全部的客戶互動。我們碰面的當下，這群設計師的工作流程是：得到任務、做自己負責的工作、把完成的工作扔給隔壁的人，然

後好奇發生了什麼事。

難怪事情行不通。

公司決定改善工作品質後，配方中被加進一個重要元素：讓設計團隊親自在客戶會議上提案。若是因為出差或是預算問題，設計師無法那麼做，也會要求收到詳細的摘要與報告，了解簡報時發生什麼事。不僅是客戶比大拇指同意或否決；他們想確確實實知道客戶說了什麼、有沒有微笑或皺眉、肢體語言、現場的氣氛。他們想了解與學習、和人們要的東西同步。一旦更知道自己是否帶來不同，表現也會大幅改善。

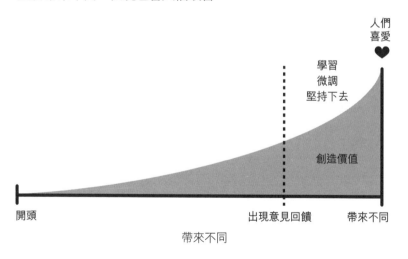

讓事情不同的人，不會輕易展開傑出工作計劃。從決定帶來超乎預期的新事物那一刻起，他們就在乎終點。會堅持到底，直

到帶來不同，接著他們會追蹤自己帶來的不同。會學到什麼行得通、什麼行不通，並在踏上下一次的傑出工作旅程時，帶著那些發現。

## 蒂娜拍出好照片：堅持帶來不同

蒂娜（Tina）是專業攝影師，但她的作品不會登上雜誌封面，也不會被掛在藝廊，也不會出現在零售商的商品目錄上。她的作品沒那麼有地位，但或許屬於更重要的類別：她每年替幼稚園到12年級的孩子，拍攝成千上萬的照片。雖然學校照片不總是拍得很好，但我們每一個人都有學校照片，它們是家庭的珍貴收藏，被放在走廊、客廳、辦公室、皮夾以及一代傳一代的家庭相簿。

然而學校紀念冊的攝影師如何能帶來不同？他們拍攝每一個孩子時，都只有短短幾分鐘時間。

想像一下蒂娜的工作。幾百個孩子排在一起──鬧哄哄、動來動去，覺得拍照令人難為情。她的時間只夠幫每個學童拍一或兩次，看能不能用，然後就要換下一個人。這種情形很容易讓人感受到裝配線上的心情──要孩子進來，要他們出去，每個孩子至少得有一張眼睛是睜開的照片，然後隔天又要做一模一樣的事。

然而蒂娜意志堅決，一心一意捕捉到每一個孩子的獨特人格。就算只是平凡無奇的學校大頭照，她也以驚人頻率拍到非常好的

照片。

我們和蒂娜談她在學校替自閉症學生拍下的一張照片。

一天開始時，蒂娜有很多「不」需要帶來不同的理由，但她選擇無視。她解釋：「在一般的情況下，拍孩子的照片已經很費事，所有攝影師都不想接這所學校的案子。那裡的青少年難以控制自己的身體與行為，一切都難以控制。」

拍照那天正如蒂娜的預期，狀況百出。拍到一半時她累壞了，深吸一口氣，又有一群自閉症學生進入房間。蒂娜注意到一個20多歲的年輕人站在門口，一直沒有排進拍照隊伍。拍完的時候，蒂娜問那個年輕人是怎麼一回事。學校秘書解釋：「喬許（Josh）今天沒帶單子，他母親很快就會到了。」

嚴格來說，那天蒂娜已經可以收工，不過她提議試著幫喬許拍一張照，有沒有單子都沒關係。秘書聳聳肩，「好吧。」

蒂娜向喬許自我介紹，讓他在鏡頭前擺好姿勢。她選了淡灰色背景，和他的紅T恤互補，然後指導他調整姿勢，拍了幾張照，結果沒有一張能用。大部份的照片，喬許的身體都晃進或晃出鏡頭。有的照片裡，他在流口水。無法看著鏡頭夠久，相機抓不到他的眼神。不論是哪一位學校攝影師來拍，就此停下合情合理。然而蒂娜專注的點不是完成工作，而是帶來不同。

　　她一直拍，一直拍，沒有孩子在排隊了，所以她把喬許的拍照，當成迷你個人沙龍照時間：拍一張，再拍一張。最後她說：「拍到了。」

　　不久之後，喬許的母親衝進來。「我今天忘了送這些表格過來。來不及了嗎？」蒂娜自我介紹，解釋自己剛拍完喬許的照片。接著她為了讓喬許的母親開心，邀請她看照片。蒂娜切換一張張不完美的照片，喬許的母親禮貌性露出淺淺微笑。接著蒂娜切換到一張照片──唯一一張喬許的頭剛好停住，眼睛直視著鏡頭。那只是一瞬間的事，但蒂娜捕捉到了。喬許看起來像是鄰家小孩。

　　喬許的母親開始哭。她說：「我從不曾拿到一張照片，照出我眼中兒子的模樣。每一年我們都把他的學校照片掛在走廊上，放在我其他孩子的照片旁。每一年都是拍不好的照片。但那是他的照片，必須放在那裡。妳不知道妳今天幫我們做的事，有多麼重大的意義。」

　　在那個瞬間，蒂娜的工作完成了，她帶來不同，徹底完成，完美地完成。而且用這樣的方法持續做到同樣的事。那一帶的學校，太喜歡蒂娜以展現個人特色的手法拍攝學生，以及隨之而來的傑出照片，所以都會指定蒂娜幫他們拍照。

# 凱文與麥克調整工作，跟上沒有預期不同

　　看到有人和蒂娜一樣讓事情不同時，相當振奮人心，不過看見有人盡力擬了讓事情不同的計劃後出了差錯，但依舊得出傑出工作，也是一件很有趣的事。即使我們帶來的不同，不是原先想帶來的不同，我們依舊可以從中學習成功之道。那讓人樂觀，而且也是很有用的一課。

　　當人們不喜歡我們做的事，當事情受阻、停滯不前，或是徹底失敗時，必須記住，這只是一個契機，下次我們能用更聰明的方式讓事情不同。因此必須放寬心去體驗，讓自己學到某些知識。

　　卡羅・德威克（Carol Dweck）博士把這種面對失敗的健康方式，稱為擁有成長心態（growth mindset）。德威克博士是史丹佛大學社會心理學教授。數十年來，她研究「成長心態」以及與之相對的「固定心態」（fixed mindset）。

　　她的研究顯示，擁有固定心態的人認為自己的成功，來自天生的能力與聰明才智。固定心態會讓人害怕失敗；如果事情可能危及他們目前的認知，包括自己有多少能力、多少才智，他們將不願嘗試。因為他們的自我價值以及對自身的認定，來自專注於不犯錯，因此會傾向做不會失敗的事、證實自己目前的狀態與能力的事。

　　另一方面，擁有成長心態的人則尋求擴展自身能力的挑戰與行動。由於相信可以透過努力培養能力與才智，他們把挫折與失敗視為成長契機。「面對任務時，擁有固定心態的人會問：『我會立刻做得很好嗎？』擁有成長心態的人則會問：『嗯，我能學會這個嗎？』固定心態尋求不變與確認；成長心態則尋求學習與適應。」

● ● ●

　　創業家凱文・斯特羅姆（Kevin Systrom）說：「如果我能提供任何建議，那將會是：把東西拋出去，找到對你做的事大聲表達意見的人，交到他們手中，聽他們說話，聽他們對什麼感到興奮。」我們對凱文以及他的共同創業夥伴麥可・克雷格（Mike Krieger）的成長心態，感到印象深刻。

　　凱文和麥克創造出一個叫「Burbn」的 APP 應用程式，協助使用者不論身在何方，都能隨時和親朋好友分享自己的所在地：夜店、餐廳、旅遊景點、咖啡店等等。Burbn 讓使用者隨時追蹤親密好友的行蹤，讓大家可以呼朋引伴。用 Burbn 分享所在地時，使用者也能拍下所在地的照片，傳到網路上。兩人原本以為會和用戶一拍即合、令人興奮的加值新組合，將會是多了照片分享的地點打卡，以及即時發文。凱文做出 Burbn 原型，寄給大約 80 個朋友與同事，接著那些人又傳給自己的朋友與同事，凱文的目的是體驗這個應用程式帶來的不同。

但接下來發生的事，直接挑戰了凱文和麥克的成長心態。

結果是大家不太用 Burbn。他們根本不在乎打卡與分享地點，而且覺得這個應用程式太複雜、很難用、功能太多。此外，他們也覺得這個應用程式速度太慢。

簡單來講——不喜歡。不過……

還有那麼一絲絲的可能性：出乎意料地，使用者受到 Burbn 的照片分享功能吸引。他們用 Burbn 的原因，不是任何原先設想的用途，而是用 Burbn 來拍照，分享拿鐵照片、狗兒照片、大自然的照片、嗜好的照片，以及每一天的平凡照片。

擁有固定心態的人會緊緊抓著原先的點子不放，畢竟已經耗費無數小時讓那個點子能用。為了開發者的自尊，為了不傷害到自我，必須證明原本的點子是成功的。擁有固定心態的人，會抓著 Burbn 的概念，精簡功能，增加速度。會拼命研發下一代版本，而不是把 Burbn 看作尚未帶來不同、因此可捨棄的東西。

凱文和麥克則不同，他們直接看著「不喜歡」的回饋，問自己：「Burbn 的哪一點讓事情不同？」出乎他們的意料，非常明顯的答案是照片分享。因此兩人一頭鑽進去研究，跑去了解當時每一個照相類應用程式。

　　想一想凱文和麥克對於未能帶來不同的獨特反應。他們沒有浪費時間懊惱，而是：「我們剛剛學到什麼？」然後就這樣「砰」一聲，立刻回歸傑出工作的正軌。

　　接下來發生的事是他們徹底改造最初的配方。Burbn 和照片分享無關的所有功能都被拿掉，兩人著手解決其他照相應用程式都尚未解決的三個問題。首先，當時人們無法用自己的手機拍到漂亮照片。第二，要把照片放上數個社群網站很麻煩。第三，上傳很吃力。

　　第一個問題的答案：是可以美化所有照片的酷炫濾鏡與相框，再加上藝術風，表現使用者個人風格。

　　第二個問題的答案：是能即時分享到所有社群平台，包括 Facebook、Twitter、Flickr、Tumblr、Foursquare 以及 Posterous。

　　第三個問題的答案：則是配合 iPhone 最高解析度，最佳化這個應用程式，不採巨大檔案，加快上傳速度，甚至能在 tag 動作啟動之前就已上傳完成。

　　凱文和麥克的新應用程式，讓使用者得以用照片捕捉生活瞬間，並按照自己的意思修圖，加上說明文字，然後放上自己喜歡的社群網站。一切只需要按少少幾個鍵即可。Burbn 這個名字顯然不再合適，因此凱文和麥克再次思考他們的應用程式的精神：

這是一個放上視覺電報（telegram）的應用程式。此外，他們設計讓每一張照片都框在白色四方框裡——向從前的柯達「Instamatic」相機以及拍立得相機致敬。「Instagram」可以說是自然而然誕生的名字。

凱文曾說 Burbn 幫他們找出「人們實際上如何使用產品，而不是理論上人們應該如何使用。」——這個不同的結果三言兩語便說出「對不同敏感」的好處。

2010 年 10 月，Instagram 在 iPhone 世界推出，從使用者只有開發者的幾個朋友，幾小時內就變成排行第一的免費拍照應用程式。僅僅 3 個月，100 萬 iPhone 使用者下載了 Instagram。Android 版本推出時，僅 12 小時便吸引 100 萬下載人次。我們寫這本書時，Instagram 的全球社群正逼近 5 千萬使用者，是有史以來成長最快速的服務。事實上，Instagram 被視為第一個真正的跨國社群網絡，因為全球的人們都現在可以透過攝影的語言，跨越語言障礙，相互溝通。2012 年 4 月，臉書用 10 億美元的現金和股票買下 Instagram。這個例子雖然極端，這是個好例子，說明了我們在研究中經常看到的一件事：一直努力下去，直到你的努力被人們喜歡。讓你所帶來的不同，有雙倍可能在銀行裡被數出來。

## 坦納的團隊從每一個小小的不同中學習

有的時候，我們帶來自己感到自豪的不同。人們喜歡那個不

同時，那是很棒的不同，沒有缺點。然而做到那樣之後，能讓人清楚看到做到更傑出的不同的可能性。在那樣的情境下，我們已經做到值得慶賀的事，我們確實做到了，然而現在標準提高。眼前有新的目標。即使已經完成傑出工作，我們也需要再來一遍，在有限的情況下帶來最大的不同。

坦納是一家員工獎勵公司，公司的傑出工作資料庫，啟發了本書。坦納製作許多東西，包括用於企業獎勵、具有象徵意義的徽章。公司運用這些徽章表揚員工——有時是讚揚職業生涯成就，有時是為了一路上的傑出工作。技巧純熟的珠寶師一天大約可以打造 6,000 枚徽章，一年 150 萬個。你可以想像，公司非常執著於流程改善。

幾年前坦納必須專注於製造流程的一個特定步驟：焊接。一台新型電焊機器效果不如預期：36％的焊接都不合格，完全不能用。這種時間、材料與金錢上的浪費，完全不可接受。研究人員、焊接師、流程負責人與統計人員組成的團隊，決定做傑出工作，改善焊接機器的良率。

這台電焊機被用來焊接每一個徽章背面的短針，理應做出可別在身上的珠寶。然而計劃開始時，成功焊接率僅 64％。邁可（Mike）與他的團隊的目標是 98％的良率。

第一步是請焊接機製造商協助。然而廠商推諉塞責：「那是

我們所能得到的最佳良率，那是市場上最棒的機器。你們有什麼問題？」邁可說，那個回答是轉捩點：「事情操之在我們。」

團隊一頭鑽進去，問問題、用眼睛看、互相討論、改善配方。一開始的時候，統計團隊就對濕磨機感興趣，那被用來在焊接之前，磨光徽章背面。或許徽章太濕，需要先乾燥。團隊成員在原型模式下試驗這個點子，但卻驚訝地發現結果正好相反：背面有一點水的徽章，實際上會有更好的焊接效果。這下子團隊對於更好的配方有了第一個線索。每一次焊接之前，焊接師用一個小刷子輕輕沾一小瓶水，接著塗抹徽章背面。流程中的其他每一件事則維持原樣。多加了便宜的刷子與一點點水，結果良率驚人地增加到 8 成，也就是大幅進步 16 個百分點。

團隊愛死這個結果。每個人都很高興自己帶來不同。然而他們遠遠不滿足於此。事實上，那次成功的改善讓大家開始問各式各樣的問題，或許還能用其他簡單方法，就帶來重大不同。團隊繼續沉浸於帶來不同的過程，參與其中，仔細聆聽恍然大悟的新發現與新知識。

最後是一個團隊成員注意到，如果徽章背後的水結成珠狀，焊接比較不可能成功。團隊多花半分鐘時間，試著把水均勻塗抹在每一個徽章背面。沒錯，那個觀察是對的。加進這個新元素後，焊接良率持續成長，團隊的好奇心也持續上升，他們想知道還能做到哪些改善。

接著一位焊接師也貢獻心力。他前一天晚上在電視上看到
「Joy 牌」洗碗精的廣告，廣告推銷這個牌子有辦法減少水珠，讓
水散佈在整片剛洗乾淨的玻璃上。而產生這個效果的成分是介面
活性劑，這種物質可以減少表面張力，讓水珠會散在整個表面。
團隊把「Joy 牌」清潔劑加進水裡，結果良率再度上升。

這裡的重點是留意配方的每一個新成分能告訴我們什麼，不
論那個成分是否帶來不同。對焊接團隊來說，每一個新的傑出配
方都帶來新結果，而新結果帶來的資訊，又帶來另一個傑出配方。
注意到了嗎？團隊成員自始至終都近距離留意基本的良好元素。
舉例來說，他們發現水會帶來不同時，他們繼續鑽研水這件事。
每一個新配方都會啟發下一個——水，再加上手工塗抹，再加上
「Joy 牌」洗碗精。這三項改善一起讓焊接良率上升到 90％。靠
著少量肥皂水，焊接效率增加 27 個百分點。團隊負責人邁可表示：
「大部份的改善並不光彩奪目，也不會帶來如雷掌聲。它們是小
小的、一點一滴的改善，累積在一起，成為更大的解決方案。傑
出工作就是源自那裡。」

焊接良率在九成左右盤旋好一陣子，然而團隊肩負使命。成
員繼續觀察每一個焊接流程的細節，吸收新知，尋求解決之道。
有一天，他們想到自己沒考慮過自動化的問題。是否有任何步驟
能以自動技術取代人類雙手？那激發了各式各樣的新配方成分。
最後用手塗肥皂水這件事，被皮下注射針筒取代，變得更為精準

有效率。那個添加帶來新傑出配方，讓焊接良率又提升幾個百分點，愈來愈靠近團隊的目標。

接下來，一名團隊成員決定了解壓力這個議題。焊接師用手拿徽章時，是否有理想的壓力可以改善焊接良率？答案是「Yes」。團隊發現理想的壓力介於 40 至 45 磅之間。然而沒有人類的手，有辦法一天施加 600 次 40 磅的力量，因此團隊製作出一台氣壓式夾具，在焊接時穩住徽章。那是流程的第五個添加步驟，也是最後一個，最後的傑出配方出爐了。

今日的成功焊接率遠超過 99％，這來自大量的發問、觀看、討論、配方改善以及帶來不同。然而每一次的進步，都像是打了一針傑出工作的腎上腺素。隨著團隊成員一次又一次試驗不同做法，成員變得比以前更優秀。那就是為什麼相較於這個過程是如何改變公司的機器，團隊負責人邁可對於他的團隊如何被改變更加印象深刻。「這一切都和對『真正帶來不同的改善』變得敏感有關。」他表示，「有一天那台焊接機將過時、被淘汰，但我們得到的觀察能力，將帶我們走向下一個契機。」

## 你的傑出配方可以鼓舞他人

想一想這實在很奇妙，我們所帶來的每一個「不同」，將可成為其他「不同」的跳板。那可能是我們自己繼續做下去，也可能是其他人接棒。傑出工作會不斷衍生這點，意味著在浩瀚的演

化過程中，我們每個人都扮演著微小但重要的角色。那可能是產品的演化，可能是服務的演化，也可能是讓這個世界更安全、更好玩、更舒適、更美麗、更有趣、更健康、更適合生活的點子的演化。

前文已經提過，接觸到我們傑出工作的那一方，可能是任何人。在工作上，可能是客戶、經理或同事。在生活中，可能是家人、鄰居或朋友。然而有這樣的對象很重要，即使只有一兩個人因為我們帶來的不同感到喜悅，也可以產生漣漪效應，傳到超乎我們想像的範圍。

1965 年聖誕節當天，薛姆（Sherm）的 10 歲女兒溫蒂（Wendy）、5 歲女兒勞麗（Laurie）蹦蹦跳跳，散發著節日的開心氣氛，然而薛姆的妻子南希（Nancy）挺著大肚子，剛剛得知由於 Rh 因子問題，醫院排定她在 12 月 28 日緊急生產。薛姆看到精力過剩的女兒令焦慮的妻子神經緊張，他知道自己得把孩子送出門。

由於前一天晚上降下 10 至 12 英寸的雪，這家人位於密西根州馬斯基根縣（Muskegon）的房子後方，沙丘正在招手。他們試著玩雪橇，但雪橇滑軌劃開新雪，卡進沙裡無法滑動。薛姆必須想出女兒會喜歡的不同。他和女兒試著站在溫蒂的凱瑪賣場（Kmart）滑雪板的其中一隻，像玩滑板一樣滑雪。那出乎意料好玩，但光一個板子太細，薛姆跑進車庫，找到一些裝潢剩下的地板四分條，把木條鎖進溫蒂的滑雪板。

　　一開始溫蒂嚇壞了（那組滑雪板是她的寶貝），然而當她站上這個古怪新裝置、玩了起來後，她很開心。薛姆尋找娛樂女兒的簡單方式時，也為南希爭取到一些寧靜時刻，並發現了結合雪和衝浪的新方式，帶來不同。女孩們很喜歡。

　　薛姆告訴我們那一天的情形。他說：「孩子們樂翻天，搶當下一個玩的人。鄰居為之瘋狂，大家玩了一整天。後來那天下午，我太太對著門外喊，她說我們應該叫這個新型的站立式雪橇『雪地衝浪板』（Snurfer），也就是『雪』（snow）加上『衝浪板』（surfer）。」

　　當時是聖誕節連續假期，因此薛姆不用工作，隔天他到附近每一間「Goodwill 慈善零售店」買下二手滑水板。不久後，薛姆住在一個街區外的父親來訪，試玩了雪上衝浪。他身材高大（約195公分），滑了幾英尺後就跌跤，板子摔下山丘。薛姆解釋：「我父親給了我一個點子，我在前面加上一條小繩索，原本的用意是讓板子不會跑走，但我們發現多了繩子後，也可以幫忙轉彎和剎車。」

　　女兒溫蒂覺得這個玩具太好玩，一定要跟大家分享。在她的堅持下，薛姆聯絡賓士域公司（Brunswick Company，這間公司在附近有一間保齡球與撞球工廠），替他的新玩具找到買主。賓士域試著靠雪地衝浪板打進玩具市場的努力，成為哈佛「別」如何

行銷產品的案例研究。然而儘管一路跌跌撞撞，接下來幾年，雪地衝浪板的銷量逼近 80 萬。

薛姆承認，自己從不覺得雪地衝浪板是什麼了不起的東西，只不過是滑雪板的代替品。他表示：「我和幾個朋友會到雪丘上，開心地玩這些我製作的瘋狂東西。在一個晴朗午後，我開玩笑：『你們知道的，這太好玩了，有一天會變成奧運項目。』」

1965 至 1979 年間，薛姆和地方社區大學一起贊助雪地衝浪比賽，地點是馬斯基根縣的雪丘。薛姆表示：「和呼啦圈一樣，大學生之間很快就流行起來。比賽愈辦愈大，組別過多，我們最後移師到大急流城（Grand Rapids）附近一個叫『潘多』（Pando）的小型滑雪場。」

薛姆的雪地衝浪競賽，是雪板（snow-surfing）文化的早期開端。從美東到美西，狂熱的運動迷開始在車庫裡打造自己的雪地衝浪板，從原本的配方出發，再加上蹄具及其他改善。1979 年時，大急流城的雪地衝浪冠軍，帶著自己做的板子出現。這位年輕雪地衝浪者所做的更動，讓他不符正規雪地衝浪競賽的參賽規定，但裁判沒有讓他打包回家鄉佛蒙特州，而是替他設立了一個新組別。由於他是那一組唯一的參賽者，他當然贏了，他的名字是傑克・波頓・卡本特（Jake Burton Carpenter）。

這是單板滑雪（snowboarding）的由來。

在 1970 年代，從美國東岸到西岸，數個創新者忙著研發新型滑雪板，加上金屬邊、蹄具、雪靴，以及其他配方的改動，不過單板滑雪產業公認薛姆‧波本（Sherm Poppen）是這項運動的始祖，而雪地衝浪板是開始一切的板子。

溫蒂被兩塊地板邊條接在一起的滑雪板，今日存放在華盛頓特區的史密森尼學會（Smithsonian Institution）。薛姆現年 81 歲，說話幽默，不求名聲。他 78 歲之後，就被醫生禁止玩單板滑雪。他告訴我們，他收到史密森尼學會一封電子郵件，通知他的雪地衝浪板將在 2012 年初展出。他發出咯咯笑聲：「我告訴過他們，想在死前看見自己的東西被展出。我猜他們正在替我實現願望。」

讓我們先暫時忘掉雪地衝浪板帶來的 5 億美元產業，先忘掉肖恩‧懷特（Shaun White，譯註：單板滑雪奧運金牌得主），先忘掉依據某些報導，2000 年以來的單板滑雪熱，或許拯救了滑雪度假產業。讓我們記住一切從哪裡開始：薛姆‧波本以及他需要取悅的兩個精力充沛的女兒。不要忘了，1 萬個傑出工作時刻證實，帶來不同會讓我們的工作被他人重視的機率，提高 377％──或是以這個例子來說，會被其他人視為酷炫，以及值得添磚加瓦，繼續延續下去。

**摘要回顧：本章技巧提要**

 **帶來不同**

**執著於結果**

一一直投入，不要放棄，堅持到底。

一不要停下，直到有人喜歡你做的事。

**如果一開始你做的事不被人喜歡，微調到成功為止**

一擁有成長心態。

一將失敗視為又邁進一步，即將學到成功之道。

一追逐行得通的東西。如果有出乎意料的事帶來不同，跟著走。

**讓「不同」一個接著一個發生**

一追蹤你的工作，深入了解，取得內情。

一堅持知道什麼行得通，以及背後的原因。

一看一項改善是否為帶來下一項改善的線索。

**創造會啟發他人的傑出工作**

一敏銳感覺到人們喜愛的東西。

一增加自己帶來不同的能力。

一成為傑出工作的催化劑。

## 結語
# 勇往直前，堅持到最後

只有山能教我們如何爬山。

　　的確，選擇帶來不同有其風險，畢竟相較於一切照舊，追求改善世界是一場冒險。如果我們尋求安全與保障，有許多通往「好」工作的道路，而且沒有風險。然而如果我們要的是成長、貢獻與成功，通往傑出工作的道路，則充滿考驗與失誤。

　　帶來不同的技巧可以助你一臂之力，不過那不是萬無一失的成功竅門。我們只能向你保證，傑出工作絕對比良好工作更引人入勝，更令人興奮，而且好處多多。讓事情不同的技巧，將使我們做到傑出工作的機率指數成長。事無大小，我們不需要重新發明手機，或是寫出價值 10 億美元的應用程式，才代表做到傑出工作。從最大到最小的專案，本書的 5 大技巧可以運用在每一件事情上。要從哪裡開始由你決定，重要的是決定動手去做。

● ● ●

　　陶德‧史基納（Todd Skinner）是他那一代最受尊敬的攀岩家，也是冒險電影與雜誌文章的主角，曾出現在 ESPN 與《生活》雜誌等各大媒體，以「第一位大膽攀登者」及冒險犯難聞名，重新定義了「不可能」三個字。陶德依據自己攀登全球最陡峭花崗岩壁的經驗，給了我們永生難忘的建議。他告訴我們他是如何爬上不可能被征服的花崗岩柱「川口塔峰」（Trango Tower）。

　　川口塔峰是高 3,000 英尺的火箭形狀尖塔，位於喜馬拉雅山的喀喇崑崙山脈。川口塔峰是全世界最高的孤峰，幾乎與地面垂直，這使得攀爬異常困難，就算把這座山搬到附近有營地、雜貨店和淋浴設備的優勝美地國家公園（Yosemite）也是一樣。事實上，川口塔峰位於全球地勢最險惡、最偏僻、最荒涼的地區。這讓爬上去變得更瘋狂且荒謬。陶德尋求徒手攀登川口塔峰東側的冒險贊助者時，贊助人請教專家，專家說不可能成功，不能贊助。那座岩壁那麼高大，又位於偏遠地區，不是給人爬的。

　　然而他最終還是成功找到贊助，不過這僅是陶德遠征準備中很小的一部份。先得累人地跑遍全世界，找到對的攀岩團隊，接著後勤的準備就花了數年時間，包括長途運輸、食物、吉普車、挑夫、許可、天氣、煤油、儀器、急救設備、衣物與帳篷。此外，為了替攀登川口塔峰預演，大家在巨石、短崖及其他大型岩壁上練習攀登，又花了數年時間。然而真正的心理挑戰不是說服唱反

巴基斯坦喀喇崑崙山脈川口塔峰

調的人，也不是用門柱拉單槓，也不是找出要帶多少磅小扁豆和米上路。遠征最大的心理挑戰，出現在經過數年準備，最後穿越河流與岩地、歷經十天的崎嶇跨國跋涉之後，攀登者親身面對此生見過最巨大、最高聳、最平滑、最陡峭的岩壁。

陶德在他的《超越巔峰》（*Beyond the Summit*）一書中描述那一刻：「我們轉彎，目的地就在眼前。小山不見了，雄偉的川口

塔峰聳立在前方……現實震撼著我們。我們當場停下，呆若木雞，挑夫必須從我們身旁繞過。每個人走過時，都拍了拍我們的背。不論再如何虛張聲勢，假裝勇敢，都掩飾不了我們完全被嚇壞的事實。」

登山團員刻意來到這裡接受挑戰，然而如今真的與山峰面對面時，這個挑戰似乎太高聳、太垂直、太困難，即使是對全世界最優秀的攀岩家來說也一樣。他們在摩天大樓般的岩壁陰影下方翻找背包，攤開配備。原本希望能以兩週的時間，爬完頭頂上滑溜的金色花崗岩，這下他們遲疑了。所有人都一直抬頭往上看；清點繩索，調整安全帶，整理腰帶、繩環、凸輪、螺帽、螺栓，心想是否該重新考慮這件事。

陶德說：「我們憂心忡忡，因為有太多不知道的事。爬上從來沒有人爬過的山時……會在山腳發現，不知道如何爬到山頂。然而不論抵達前做過多少準備，你都不會知道全部的答案。」

換句話說，陶德教我們，如果想嘗試新事物，不可能事先知道自己是否擁有完成那件事的能力。不可能知道事情會不會迎刃而解。甚至不會知道那件事到底能不能做。要推展極限，發現什麼可能、什麼不可能，跳下去做是唯一的方法。陶德解釋，有時我們覺得自己不夠好，因為眼前的挑戰比我們之前做過的事都難，「然而那不代表你不能變得夠好。只有在爬上山頂的過程之中，才能得到抵達山頂所需的進步。」

陶德告訴我們，人就像登山者一樣，從水平到垂直，從準備到行動時，每一個人都會掙扎。「遠征的準備過程中，最終的危險是人們容易遲遲不出發，想等到每一個問題都有解答，而忘記只有在山上才能找到最終極的答案……不論準備有多充分，登山技巧多純熟、多專業，如果不開始爬，你一定無法爬上一座山。」

1995 年時，陶德和三位隊友開始爬，從水平線到垂直線。用他的話來說——「攀上岩壁」（got on the wall）。他們原本計劃在 18,500 英尺以上的川口塔峰待 15 天，睡在懸掛在峭壁上的帳篷，慢慢征服這座孤峰，一次往上爬一段，然而提早來臨的暴風雪，以及世上最困難的攀岩之旅，最終迫使他們在垂直峭壁上住了 60 天，直到終於抵達山頂。

然而他們做到了，並在 1996 年 4 月登上《國家地理雜誌》（*National Geographic*）封面。

山是他們的導師。依據陶德的說法，儘管經過多年的準備與訓練，他們學到的攀岩知識，大多來自在峭壁上的時間。

我們學到的教訓是：除非離開舒適的山腳營地並「攀上岩壁」，否則不可能成為命中註定讓事情不同的人。

本書所提到的傑出工作者，沒有一個人在開始動手之前，就

知道每一件需要知道的事——更不知道他們為了讓事情不同所投入的努力，最終會不會成功。

然而他們每一個人還是先攀上岩壁。

問問題、用眼睛看、討論、做出改善，用自己的方式得出傑出成果。不論是一夕成名的拍立得藍德相機，或是「搭配小姐」，或是工友摩西與攝影師蒂娜的個人成就，傑出工作之旅本身，激發他們自身的潛能，讓他們成為帶來不同的人。接著每一個人，在帶來一個不同之後，都決心再帶來另一個不同。

這造成一個現象，我們喜歡稱之為「讓事情不同的人生」。有人在帶來不同之後，不滿於一次成就所帶來的桂冠榮耀。他們會上癮，急著想貢獻更多，急著用新方式造福人群，急著讓別人因為他們的工作而開心。讓事情不同的人生的選擇，催促著他們尋求更多帶來不同的機會，創造出更大、更好的結果。讓事情不同的人，人生看起來就像這樣：永不停息、向上前進的傑出工作計劃循環，每一個都比上一個更酷。

終生學習，終生貢獻，終生成長。

誰不想要那樣？

因此無論你目前想讓事情不同的衝動，是溫和的渴望，或是

心急的執著，攀上岩壁吧。重新框架自己的角色，變成讓事情不同的人。從手上的東西著手，問對問題，找出人們可能喜歡的東西。親自去看，和圈外人談話，蒐集新點子。靠著加法、減法以及檢查合宜度改善配方，堅持下去，直到帶來不同。

最後，不論你的傑出工作之旅是否才剛展開，也或者最近你有創新要分享，請造訪 greatwork.com。我們持續蒐集、分享傑出工作者的範例，以鼓舞像你一樣讓事情不同的人。因為每一次讓事情不同，都是做出一項貢獻──對人類進步的貢獻，對周遭世界的貢獻，對每一個讚揚傑出工作的人們的貢獻。

摘要回顧：本章技巧提要

## 接下傑出工作挑戰

如果你想讓一群朋友或同事動起來，一起完成某樣傑出工作，那就接下傑出工作挑戰。

一邀請你的團隊閱讀本書。

一召開聚會，討論書中的概念、技巧與點子。

一利用團隊成員各自的天賦問對問題，親自去看，與圈外人士對話，改善配方，帶來人們喜歡的不同。

一慶祝成功。

請特別留意最後的關鍵步驟。你的團隊讓事情不同時，要慶祝，而且不要忘了造訪 greatwork.com，與我們分享你的成功。

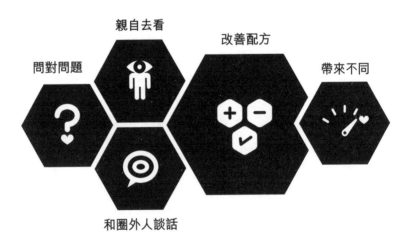

附錄概述
# 傑出工作研究

〈傑出工作研究〉（Great Work study）是本書討論的 5 大技巧的主要資料來源。此一由坦納機構成員及夥伴設計的研究，始於 2010 年初，協助了我們定義「傑出工作」以及測試以下假設：有一套人人都能採用的技巧，將可增加產出他人喜愛的傑出工作的可能性。

執行〈傑出工作研究〉時，我們並未使用傳統方式，尋找傑出人士的個人特質，而是特別關注帶來傑出工作的行動。〈傑出工作研究〉結合 4 項各有不同但彼此互補的子研究：〈執行綜合調查〉（附錄 A）、〈坦納得獎工作研究〉（附錄 B）、〈富比世觀察調查〉（附錄 C），以及〈一對一訪談〉（附錄 D）。

# APPENDIX

附錄 A

# 執行綜合調查

　　我們利用〈執行綜合調查〉，請背景多元的哈里斯名單成員（Harris Panel）告訴我們他們對傑出工作的看法，並提供組織內部的傑出工作範例。哈里斯名單成員為《財星》（*Fortune*）雜誌百大公司的 302 位資深主管。

　　我們詢問眾主管：「回想組織中的傑出工作時，你想到什麼？」他們提供最先想到的開放式回答，內容自然而然落入兩大類別，第一類專注於「傑出工作」這個名詞，或是客戶滿意度、產品優越性、創新、新產品研發、策略執行、營收成長與利潤等相應結果。第二類則集中於將「傑出工作」當成動詞，或是如何透過團隊努力、合作、溝通、奉獻、願景、熱情、責任感、正直、信任、計畫與道德規範完成工作。

我們問的另一個問題是「描述一個對你來說代表傑出工作的專案」。以下是眾主管的回答樣本。請留意共通的結果以及計劃帶來的不同：

「許多年前，我們研發出一個未被充分利用的產品。我們稍做修改，立即回應市場需求，結果使用率與需求暴增。」

「我們公司需要追蹤投資報酬率的方法，有人建立了系統，獲准執行。現在所有專案都有投資報酬率，也有讓經理追蹤進度的方式。」

「我們的服務經理意識到一個緊急的客戶需求，於是組織多位員工，同心協力超越顧客期待。」

「一名員工想出加速付款通知流程的方法，原本是手動操作，但這名員工提議採用影像系統，加快付款通知的處理。」

「我們想出一個新業務線的點子，請公司高層批准，接著在全國各地執行。這條新業務線協助我們的部門，達成部門史上最高成長率。」

「一名員工研發出新工具，打敗我們舊有的標準企業資源規劃系統（ERP system）所有已知功能。有趣的是，沒人要他那麼做，甚至沒人想過是否可能達成那種水準的研發。」

「我們的新進員工做出重大貢獻，製定模式與流程，重新定義我們做生意與對待客戶的方式。我對於他們的精力與專長感到印象非常深刻。」

「有人研發了一個數據庫，研究消費者的花錢行為，並利用那個數據庫找出機會，介紹給新零售商。這替零售商帶來新生意，也替公司帶來財源。」

「我們需要改善得到客戶購買意向線索（sales lead）的方式。我們打造更好的流程，讓線索數量成長 480%。在此同時，線索品質保持在 60% 以上。」

「一名同事接下超乎她職責的任務，讓專案朝正確方向發展，接著又把責任交還給適當的人。」

「一名同仁最近協助我們的組織，進入一個從未成功銷售過的特定垂直市場。她擬定企劃書，向董事會推銷這個機會。從此之後，那成為我們組織最大的垂直市場。」

「我們的供應鏈組織找到機會，靠著挪移庫存地點，省下數百萬美元的運輸成本。」

# APPENDIX

附錄 B

# 坦納得獎工作研究

　　我們探討全球企業 170 萬個得獎工作的例子，這是〈傑出工作研究〉最上窮碧落下黃泉的部分，一共抽取 10,000 個得獎工作敘述的樣本。

　　相關記錄採電子提名，由主管或同事提供，描述主角因為做了哪些事，最應獲得企業獎項。提名原因平均為 80 字。我們分析最初的樣本，接著依據內容編碼，分為不同類別。這些樣本幫助我們專注於 19 種傑出工作。為了避免過於主觀，我們由兩個獨立的團隊，以載有 19 種最可能派上用場的統一定義編碼簿，編碼最後的提名樣本。接著比較兩組人員的編碼，確保結果類似。兩組人員編碼決定的平均相似度為 80%，以這類型的分類來說為高編碼者信度（intercoder reliability）。

　　以下為提名範例，說明本研究如何將傑出工作的敘述編碼。

## 珍‧朵依（化名）的提名

編碼範例：

有人告訴珍，我們的訂單記錄系統造成
客戶訂單被隨機漏掉。儘管她還有一堆
其他工作要做，她決定處理這個問題。　　一主動
珍立刻開始研究，從數個部門找人，召
集跨部門小組。她花了許多小時分析記　　一與他人聯繫
錄檔，找出基本原因。除了解決核心議　　一做出犧牲
題，她與團隊還加上一個簡單的向上銷
售功能。自從解決這個問題後，訂單記　　一結合新元素
錄恢復正常，而且那個向上銷售功能，
上個月帶來 15,000 美元的新營收。我推　　一意想不到的結果
薦珍以這項成就獲得金牌獎。

　　下文提供西塞羅集團（Cicero Group）崔特‧卡夫曼博士（Dr.
Trent Kaufman）與羅倫斯‧科文（Lawrence Cowan）的研究分析方
法。兩人詳細分析了經過編碼的資料。

　　「傑出工作」資料庫的目的，在於找出員工被觀察到哪些特質
與特徵增加了他們產出傑出工作的機會（機率）。

　　「傑出工作」資料庫包括二分反應變項（dichotomous
response variable）。如果觀察到指定特性，應變項（或反應）
標為「1」。若未觀察到，標為「0」。社會科學經常使用二分

反應變項（例如：「在職」vs.「非在職」；「已婚」vs.「未婚」；「已投票」vs.「未投票」）。

「傑出工作」資料庫的反應變項，描述員工被觀察到的結果，或完成的工作結果，例如：「帶來正面財務影響」、「影響他人」等等。

同樣地，預測變項（predictor variable）描述員工被觀察到的動作，或是結果的成因，例如：「與圈外人談」、「親自去看」等等。

資料採取被稱為「羅吉特模型」（logit model）的迴歸分析（羅吉特模型是特別為二分反應變項的預測結果設計）。羅吉特模型提供事件發生「可能性」的測量方式（類似於機率）。

事件可能性為某一事件預期發生的次數，以及預期不會發生的次數的比例。舉例來說，可能性為 3，意味著我們可以預期事件發生的可能性為不會發生的可能性的 3 倍。可能性為 1/4，意味著會發生的次數，僅為不會發生的次數的 1/4。

「傑出工作」資料庫中，所有被編為「預測＝回應」的變項，以獨立模型方式測試。資料庫包括 3 個反應變項，13 個預測變項，得出 60 個獨立模型。相關模型中，46 個得出預測與反應變項統計上顯著的關聯，勝算比為 17.13 至 1.64。最極端的案例（17.13）可用以下方式解釋：勝算比 17.13 告訴我們，模型預測相較於未做「觀看」這個行為的員工，已經做了「觀看」這個

行為的員工（預測變數），他帶來「熱情」結果（反應變項）
的可能性為 17.13 倍。

**研究發現節錄：**

| 預測變數<br>（行為） | 反應變數<br>（結果） | 勝算比<br>（可能性） |
|---|---|---|
| 問對問題 | 影響多人 | 4.12X |
| 問對問題 | 被重視 | 3.13 |
| 問對問題 | 帶來熱情 | 2.79 |
| 問對問題 | 財務影響 | 2.69 |
| 問對問題 | 預期之外的正面結果 | 2.69 |

| 預測變數<br>（行為） | 反應變數<br>（結果） | 勝算比<br>（可能性） |
|---|---|---|
| 親自去看 | 帶來熱情 | 17.13X |
| 親自去看 | 正面情緒 | 11.80 |
| 親自去看 | 被重視 | 3.60 |
| 親自去看 | 財務影響 | 3.57 |
| 親自去看 | 影響多人 | 2.42 |

| 預測變數<br>（行為） | 反應變數<br>（結果） | 勝算比<br>（可能性） |
| --- | --- | --- |
| 和圈外人談話 | 財務影響 | 3.37X |
| 和圈外人談話 | 正面情緒 | 2.45 |
| 和圈外人談話 | 影響多人 | 2.04 |

| 預測變數<br>（行為） | 反應變數<br>（結果） | 勝算比<br>（可能性） |
| --- | --- | --- |
| 改善配方 | 被重視 | 3.17X |
| 改善配方 | 財務影響 | 2.78 |
| 改善配方 | 影響多人 | 2.10 |
| 改善配方 | 正面情緒 | 1.75 |

| 預測變數<br>（行為） | 反應變數<br>（結果） | 勝算比<br>（可能性） |
| --- | --- | --- |
| 帶來不同 | 被重視 | 3.77X |
| 帶來不同 | 影響多人 | 3.18 |
| 帶來不同 | 財務影響 | 1.99 |

# 另一種解讀資料的方式

　　我們以各式各樣的方法分析「傑出工作」資料庫，其中我們問的一個較為有趣的問題是：「如果同時出現兩種以上技巧，帶來成果的機率會發生什麼事？」為了回答這個問題，研究人員研究一個以上預測變數（行為）一起發揮作用的案例，計算反應變數（結果）的合併效應。我們得出以下結果：

**研究發現節錄：**

| 預測變數<br>（行為） | 反應變數<br>（結果） | 勝算比<br>（可能性） |
|---|---|---|
| 問對問題<br>和圈外人談話<br>帶來不同 | 財務影響 | 2.95X |
| 問對問題<br>和圈外人談話<br>改善配方 | 財務影響 | 4.32 |
| 問對問題<br>和圈外人談話<br>改善配方<br>帶來不同 | 財務影響 | 4.74 |

| 預測變數<br>（行為） | 反應變數<br>（結果） | 勝算比<br>（可能性） |
|---|---|---|
| 問對問題<br>和圈外人談話<br>帶來不同 | 被重視 | 6.54X |
| 親自去看<br>帶來不同 | 被重視 | 6.68 |
| 親自去看<br>和圈外人談話<br>改善配方<br>帶來不同 | 被重視 | 10.53 |

　　整體來說，「傑出工作」資料庫幫助我們了解影響傑出工作5個最重要的技巧，以及這些技巧如何一同發揮作用。從以上圖表可以看出，如果員工同時運用問問題、談話、改善與帶來結果的技巧，他們影響財務盈虧結果的可能性為近5倍。同樣的，當員工同時運用問問題、談話、改進以及帶來結果等技巧，他們的工作被人重視的可能性為10.5倍。

# APPENDIX

附錄 C

# 富比世觀察調查

　　本調查的研究對象為全世界數十種產業、數百個組織近日的專案。富比世請 1,013 名「職員」、「主管」與「受益者」回答關於前 3 個月特定專案的問題。調查目的為進一步了解「傑出工作」，從各式各樣的角度，蒐集人們對於傑出工作成因的看法。

　　此外，我們也藉由改變技巧定義，與其他可能的傑出工作預測指標一起測試，試圖找出驗證（或駁斥）得自〈坦納得獎工作研究〉5 項技巧的新看法。

　　每一次的調查會請受訪者描述一個近期專案，並以「遠低於預期」到「遠超過預期」，替成功的程度評分。我們將「遠超過預期」的專案列為傑出工作，「符合預期」為良好工作，「不符預期」為糟糕工作。

　　透過數個初探性研究，我們考慮各式描述 5 大技巧的調查問

題。統計分析讓我們得以縮小清單，得出少數幾個以一致且可靠的方式描述 5 大技巧的調查問題。

調查試圖釐清出傑出工作被達成時，哪些技巧派上用場，不過此一調查的設計，也是為了幫助我們看出，在良好工作與糟糕工作的案例中，相同技能出現的程度有多高。

1. **問對問題。**兩種詢問人們會喜歡什麼的方式，明顯出現在員工問卷：「我仔細思考什麼會帶來真正的不同」以及「我一直在想，什麼樣的結果會讓被工作影響的人開心。」

2. **親自去看。**去「觀看」，從接受者的角度了解工作。這一點被視為非常重要。受益者與員工都注意到「從受工作影響的人的角度看事情」的價值。

3. **和圈外人談話。**與「平日互動的團體以外的人」連結，「以取得靈感」。這方面的價值放在工作受益者身上特別明顯。

4. **改善配方。**帶來「改善配方」技巧的兩種想法，經常出現在此一研究。「我不斷型塑我的點子與努力，直到感覺對了」，以及「我實驗新的技巧、策略與流程」，都明顯出現在所有相關人士身上。

5. **帶來不同。**「工作成果被產出與執行的期間，我保持參與及投入」的得分，僅微高於「結果出爐時，我依舊感到這是我的事」。

## 案例研究與深入訪談

　　《富比世觀察》除了問卷調查外，也與「職員」、「主管」、「受益者」進行 360 度訪談，呈現 4 個特定產業的傑出工作如何發揮作用──汽車、出版、高科技與公關。一個例子是企業大亨唐納．川普（Donald Trump）提供《富比世觀察》以下定義。他表示：「傑出工作意味著超越期待，帶來出乎意料的事物。」

### 問對問題

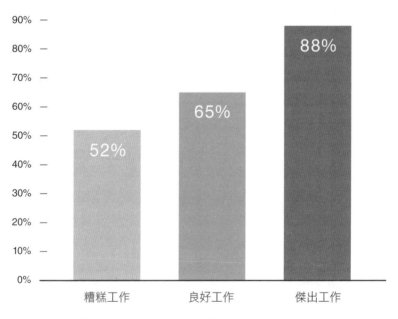

近九成的傑出工作範例中，都包含某種形式的問對問題。

## 親自去看

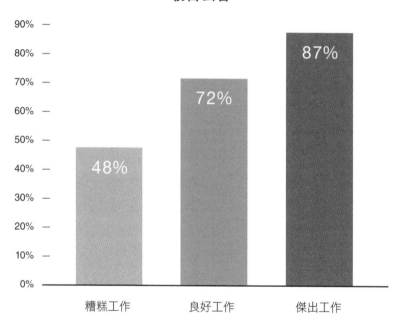

近九成的傑出工作範例中，都有人親自去看受自己工作影響的人，可能喜歡什麼樣的改變或改善。

## 和圈外人談話

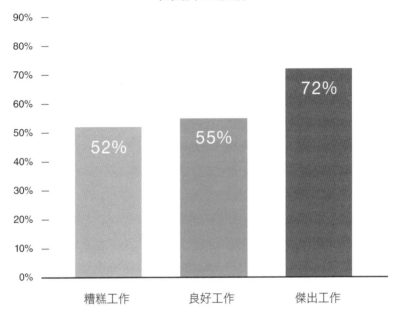

　　約七成的傑出工作範例中，都有人和一般合作團隊以外的人士，談他們試圖做到的改善。

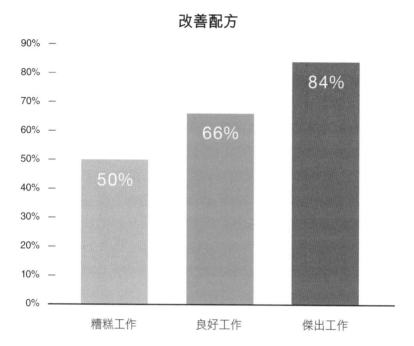

**改善配方**

超過八成的傑出工作範例中，都有人型塑與實驗點子，以帶來改善或增加新價值。

## 帶來不同

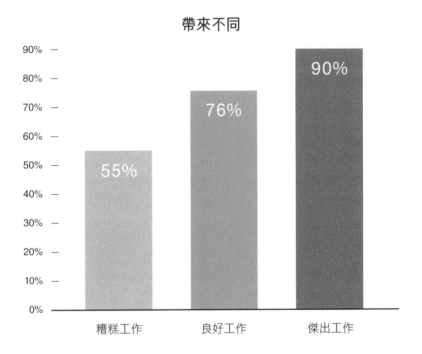

整整九成的傑出工作範例中，都有人持續投入，不屈不撓，直到得出想要的工作結果。

# 什麼是「已解釋變異量」

《富比世觀察》最令人興奮的數字是「35%」，那是 5 項技巧一起發揮作用的已解釋變異量。意思是人們開始一起執行 5 大技巧時，可以期待上司注意到他們的工作產出超越期待值 35%。

如果你不熟悉「已解釋變異量」這個詞彙，楊百翰大學（Brigham Young University）的傑夫・湯普森博士（Dr. Jeff Thompson）提供以下解釋：

> 當我們說一件事影響另一件事（例如收到禮物讓我變得更開心），幾乎從來不是 100% 相關。舉例來說，如果我們送某人一盒巧克力，我們可能讓陰鬱的一天明亮起來，但大概不會讓對方從絕望變成幸福。原因在於，除了巧克力，還有其他數百萬變數影響著收禮者的情緒。可能是正在下雨，可能是對方剛撞傷腳趾，或是他的狗不見了，或是吃到很難吃的午餐。面對這一切狀況時，如果巧克力禮物讓他變得比原本的狀態高興5%，他們大概會很感激。

> 《富比世觀察》調查的資料，試著預測 5 種技巧如何影響依據人類看法的而來的結果——例如有人說：「那項工作真的超乎我預期」。我們不可能 100% 捕捉能解釋那種看法的變數。主管可能想用客觀的方式看工作，但有其他百萬種想法與影響因素，例如：「那根本和我想的完全不一樣」、「他上個月忘了我的生日」、「我討厭穿紫色的人」等念頭會悄悄鑽進腦袋。

社會科學家稱之為「噪音」（noise）。為了算進那樣的「噪音」，已解釋變異量是統計上我們定出的 X 與 Y 因果關係百分比。如果已解釋變異量為 15%，這意味著 X 占 Y 發生的改變的 15%。

〈傑出工作研究〉顯示，一起發揮作用的 5 大技巧，可以完整解釋超過 1/3 如「傑出工作」如此主觀的看法。換句話說，採用這 5 大技巧的員工，可以期待主管注意到他們的工作產出超越期待 35%。那是相當不可思議的數字。

# APPENDIX

## 附錄 D

# 一對一訪談

　　我們的研究最質性的部分，包含超過 200 份一對一訪談，對象是參與帶來不同的傑出工作、而且被正式表揚的人士。我們調查全世界數十種產業中，或大或小的非凡成就。

　　我們訪問各類型的員工，有接待人員、電話客服人員、工友、藥劑師，以及手機發明人等創新者。我們刻意讓帶來他人喜歡的不同的受訪者身份，偏向一般人。

　　訪談方式包括見面訪談與電話訪談，時間為 30 分鐘至 4 小時不等。對話重點為完成的傑出工作、發生了什麼事、如何發生，以及原因為何。訪談為開放式訪談，讓每一個傑出工作的故事能自然展開。

# 傑出工作訪談逐字稿

## 關於傑出工作的本質

「要做到傑出工作，你的心與靈魂都要投入。不只要做被交代的事，還要在某樣事情上留下自己的印記；多加上一點東西；為自己的工作感到自豪。」

「工作不必單調乏味。我們不必坐等事情發生。我們可以自己讓事情發生。這是人類的基本天性，天生我才必有用。」

「競爭太激烈，我們必須與眾不同，而那取決於我。我帶來不同。」

「創造某件事，或是做只有你能做到的事，那讓生活有價值。」

## 問對問題

「想一想什麼會真正影響你服務與工作的對象……接著『往回計畫』，找出該做些什麼。」

「我通常會每週腦力激盪。我們可以怎麼做這件事？我們可以如何出貨，讓商品看起來很棒，又不會弄得一團亂，不會妨礙到任何人？我仔細觀察人們的反應，因為有時你覺得某件事很

棒，但別人不這麼認為。」

「我永遠會考慮不同選項。每次我和病患說話時，我都在想：『我會對我母親做那件事嗎？』如果答案是『不會』，我們是在浪費那個藥，必須從頭開始。」

「你去做有趣又獨特的事，超越人們對你的要求，那帶來的樂趣，應該會鼓舞每一個人。」

「我得到機會，負責管理一家新醫院的禮品店。我記得我丈夫死於癌症時，我在醫院待的那幾個月，禮品店對我來說，一直是逃離的去處，那是我的出口。現在我有機會帶來某樣東西，那可能影響和我有相同處境的人。」

## 親自去看

「從來沒有消費者會在焦點團體上說：我想要口袋裡裝 1 千首歌。那個點子來自看見消費者行為，並接著採取合理步驟。」

「我們永遠在問員工，他們希望從健康專案得到什麼，但我們也看著數據。如果我們看見公司有許多心臟病、糖尿病或膽固醇的問題，我們試著專注在那些地方。」

「我們造訪某間車場——因為它們會弄很時髦的烤漆，還有車體裝飾，以及使用者界面一類的東西。我們也看著高級立體音

響配備。我們的洗衣機操控裝置被所有那些東西啟發。」

「我的人資專員團隊和我一起,至少1個月2次,到工作現場和我們的員工一起工作。我們穿上制服,和他們一起做第一線工作,烹煮東西、站收銀機、輪大夜班。那幫我們看見員工經歷什麼事。」

「我是臨床藥師,我不只看著我正在治療的東西,我治療病患整個人……我永遠看著他們的檢查報告,以及其他每一個測試。」

「如果說有和設計有關的事讓裝配變得困難,你得看著某個人裝配,然後現場解決問題。寄照片或電話留言沒用。你必須人在那裡。」

「我看見未來可以是這個樣子,我不知道要如何辦到,但我勇往直前,接著事情開始發生。」

## 和圈外人談話

「走出去,和人們談話,問他們:『你覺得什麼行得通?你覺得這可以怎麼做?』」

「我們全都具有創意,然而沒有人能回答全部的問題,因此得到不同觀點是很重要的一件事,這樣才能得到你需要的創意解

決法。」

「害怕分享自己的想法是一件非常自然、符合人性的事。然而那似乎是帶來不同的神秘元素。」

「那個迪士尼的人走進來，大剌剌地說：『老兄，你需要帶來非傳統思考以及那一類事情的人。你可以在某些好地方找到他們。』」

「無計可施促使人們行動……因此我走出去，和我們的汽車車體損失團隊談，了解他們做些什麼。溝通是我偏重的事，我永遠試著強調對話。」

「我管理 10 個築起高牆的部門，許多人天生就是不願意和他人好好合作，因此基本上我得建立他們和我之間的信任感，以及他們彼此之間的信任。團結在一起後，我們能夠想出新方法來做事。」

## 改善配方

「大部份的點子不是很宏大的點子，而是小小的進步。」

「每當你能應用人們喜歡的兩件事——他們不覺得能放在一起的事——而你用某種辦法讓那兩件事搭配在一起，那代表你手上擁有很棒的點子。」

「我們是一間全球公司 ── 然而我們不總是用同樣的方法做事。在這次的專案，我們得以採用巴西或中國類似產品的設計，有點像是『模仿』，但這正是我們的全球優勢。」

「我永遠相信有更好的做事方法。」

「有一種以上的做事方法。傑出工作意味著找出那條獨特的道路，那個不同的做法，那個將讓事情不同的方式。」

「我讓我的腦子裡充滿可能性，然後將它們串在一起。」

## 帶來不同

「我知道如果我們能多處理幾個問題，我們會抵達的。我們的團隊因為解決那些問題的方式，被稱為『屠龍者』。」

「我們正要整理書面作業，發現今天之後，將達成零掩埋。然而我們決定等待，確認這是真的。時間一週一週過去，依舊是零掩埋。因此我們終於覺得可以宣布我們做到了。」

「非常多人覺得，我所做的事是個好點子 ── 全世界每個角落都有人這樣想。然而沒有任何人從嗜好階段，過渡到商業階段。」

「我們靠著助人以及成就某件事獲得滿足感——我們天生就是
那樣。然而我們必須建立或創造某件事。必須讓事情發生。」

「你無法學到任何事，除非你犯錯。因此我告訴我的學生，如
果你犯錯，你應該慶祝並覺得『太棒了』。」

「負責品質的那個人，瘋狂想要了解顧客說了什麼，並且立刻
將那個資訊，傳給能做些什麼的那個人。」

# 註釋與資料來源

　　本書源自耗時 3 年以上的研究以及訪談。訪談對象包括學術顧問、企業主管、得獎員工,以及讓事情不同的人,由坦納機構成員執行。此外,我們受惠於眾多作者、研究人員、傳記作家、歷史學者、記者,以及思想領袖的作品。他們證實或豐富了我們的傑出工作研究發現——前文已經提過部分人士的名字。

　　下文列出主要資料來源、出處與致謝,其中包含數個我們並未用在書中的來源,供有興趣深入閱讀或進一步研究的人士參考。由於許多文章與研究都可透過網路取得,我們儘量提供資訊,方便大家上網搜尋。

## 引言——起死回生的學校

　　史期普・豪滋的故事來自一系列的訪談。你可以聆聽或閱讀 Brian Mann 的全國公共廣播電台(NPR)故事〈Rural New York School Recruits Overseas Students〉,進一步了解史期普的國際學

生計劃。鎮長坎農的話出現在廣播結尾。完整故事請見路透社 Stephanie Simon 的報導〈Insight: Public Schools Sell Empty Classroom Seats Abroad〉。這篇報導討論紐約紐康布鎮以外的國際公立學校計劃帶來的影響。公共國際電台（Public Radio International）也提供標題為〈Rural Schools Recruit International Students to Raise Money〉的絕佳故事。

## 本書來源

〈傑出工作研究〉計劃的深入概述，請見附錄。

## 讓事情不同的人如何思考

艾德的故事完全來自一系列訪談。

我們也數度訪問珍‧道頓博士以及賈斯汀‧伯格。此一團隊的工作塑造研究細節，請見 *Academy of Management Review* 26, no. 2, 2001, pp. 179–201。艾美、珍與賈斯汀也寫了一篇文章，請見 "Turn the Job You Have into the Job You Want," *Harvard Business Review,* June 2010, pp. 114–117。珍與賈斯汀和我們談「重新框架」，此一概念及其他形式的工作塑造，請見賈斯汀、珍與艾美的論文 "Perceiving and Responding to Challenges in Job Crafting at Different Ranks" in the *Journal of Organizational Behavior* 31, no. 2–3, 2010, pp. 158–186。

明蒂在數次個人訪談與我們分享摩西的故事。

蘇斯博士的故事取自數個研究來源，包括 "Why Johnny Can't Read," *Time,* 1955；Lynn Neary 的精彩全國公共廣播電台故事 *Fifty Years of Cat in the Hat; Stacy Conradt, Ten Stories Behind Dr. Seuss Stories on WSJ.com*（取得 mentalfloss.com 允許於此處重印）。亦請見 *Wall Street Journal,* "E-Seuss: Be Glad. Not Sad or Mad"；Erin Anderson, *Lincoln (Nebraska) Star Journal,* "Who Let the Cat In?"；以及 Pamela Paul 的 *New York Times* 報導 "The Children's Authors Who Broke All the Rules"。以下兩本研究資料豐富的著作在確認事實時派上很大的用場，我們推薦蘇斯博士的書迷閱讀 Phillip Nel, T*he Annotated Cat* (New York: Random House, 2007) 以及 Donald E. Pease, *Theodor SEUSS Geisel* (New York: Oxford University Press, 2010)。

建築師法蘭克・蓋瑞的話引自 Academy of Achievement, 1995 訪談 www.achievement.org/autodoc/page/geh0int-1。

樂高資料取自 Tracy V. Wilson, "How Lego Bricks Work" howstuffworks.com。相關數字的公式，請見數學家的解釋 http://www.math.ku.dk/~eilers/lego.html#howgetright。

## 問對問題

羅伯・伯恩斯（Rob Burns）慷慨在 3 次訪談及多通後續電話

之中，分享他和團隊在哈特福德保險公司做到的傑出工作。

約拿・史托（Jonah Staw）於 2004 年共同創立「搭配小姐公司」，並擔任公司執行長。我們從以下線上報導，得知約拿的創業歷程："Mismatched Sock Company Puts Entrepreneurial Foot Forward: LittleMissMatched," nyreport.com；以及Abby Ellin, "A (Mis)Match for Tough Times," cbsnews.com。你可以造訪 littlemissmatched.com，以及公司的 YouTube 頻道，進一步了解這間公司。

艾德溫・藍德及拍立得公司的漣漪效應，持續影響新科技。關於艾德溫發明拍立得藍德相機的資料，我們參考了 Joyce Furstenau, "The Polaroid Camera," edhelper.com；F. W. Campbell, FRS, "Instant Photography," rowland.harvard.edu；"Edwin Herbert Land," robinsonlibrary.com；以及 "Edwin H. Land Is Dead at 81: Inventor of Polaroid Camera," nytimes.com。

週五之夜的晚宴舞會造成奇妙影響，留下墨西哥瓜達拉哈拉的工廠員工。故事取自麥可・柯林斯（Mike Coolins）的訪談，也就是想出那個點子的傑出工作者。

我們數度訪問安妮特・傑各，每一次她都強調公司能夠安全拆解電鍍室，省下數百萬美元，不是來自她的傑出工作，而是來自團隊中的傑出人士。

我們蒐集手機發明過程以及手機對世界的影響資料時，有幸二度訪問馬丁・庫珀。我們也參考了兩段線上影片 Bob Greene,"38 Years Ago He Made the First Cell Phone Call," cnn.com；以及 "The Cell Phone: Marty Cooper's Big Idea," 60 Minutes, cbsnews.com。

《我不笨，所以我有話說》的引用，取自 1995 年甘迺迪米勒製作公司（Kennedy Miller Productions）製作、環球影業（Universal Pictures）發行的電影。

## 親自去看

韋恩・格雷茨基最出名的名言真正來源，詳情請見 Jill Rosenfeld 一篇有趣的文章 "CDU to Gretzky: The Puck Stops Here!," *Fast Company*, June 2000。順道一提，格雷茨基真正說過的話的結尾，並非經常被引用的「where it is」，而是「where it has been」。多篇文章引用了格雷茨基追蹤冰球的故事，包括：Dave Naylor,"Gretzky's Name Still Resonates with Us," TSN.com 等等。我們引用的版本為華特・格雷茨基（Walter Gretzky）告訴喬・歐康納（Joe O'Conner）的故事，請見 *National Post,* April 18, 2012。

傑克・尼克勞斯走在紅崖高爾夫球場的心靈圖像，來自 Mike Stansfield 的文章，見 *Fairways*"Red Ledges: The Anatomy of a Golf Course."。傑克的生涯資料請見他的公司網站 www.nicklaus.com。

IDEO ／伊文孚羅公司的嬰兒車合作，取自我們實地造訪 IDEO，以及 IDEO.com 確認的事實。

吉姆・庫克替 Netflix 造訪郵局的故事，來自庫克提供的故事，請見 "Five Lessons from the Netflix Startup Story" marketingprofs.com。兩段引用都來自該文。

中津英治替子彈列車發現翠鳥鳥喙的故事，取自 EarthSky's interview with Sunni Robertson of the San Diego Zoo, "Sunni Robertson on How a Kingfisher Inspired a Bullet Train"。我們很幸運得以透過譯者，以線上方式訪問中津英治，了解他的故事細節。其他仿生科技的例子，請見投影片介紹：http://www.treehugger.com/slideshows/clean-technology/nature-inspired-innovation-9-examples-of-biomimicry-in-action/#slide-top。

我們多次訪問狄妮絲・古根，了解她的團隊如何成功讓印第安納州的速霸陸汽車，成功成為零掩埋工廠。我們還造訪工廠，親自去看團隊的工作，從中得到許多啟發。

衣夫人的名言，當然取自迪士尼／皮克斯的動畫電影《超人特攻隊》。

皮耶・克雷維爾在訪談中告訴我們，惠而浦公司的「搞定就對」專案是如何搖身一變，成為打造新一代的直立式洗衣機。

關於荷蘭人的腳踏車文化，坦納機構一名成員擁有第一手體驗，我們並透過數個資料來源確認事實，包括 Russell Shorto 的 *New York Times* 報導 "The Dutch Way: Bicycles and Fresh Bread" (July 30, 2011)；John Pucher and Ralph Buehler, "Making Cycling Irresistible: Lessons from the Netherlands, Denmark, and Germany," *Transport Reviews* 28, no. 4, 2008, pp. 495–528；Cor Van Der Klaauw 的簡介，請見 http://www.fietsberaad.nl/library/repository/bestanden/document000113. pdf；以及 Mark Jenkins 的優秀文章 "The Way It Should Be Is the Way It Is," *Bicycling,* June 2008。

## 和圈外人談話

我們透過坦納機構的貢獻者朱莉亞·拉平（Julia Lapine），得知蚊子、塑膠袋與瘧疾的關聯。你可以造訪 http://www. seeafricadifferently.com/news/wangari-maathai-african-hero，進一步了解諾貝爾獎得主旺加里·馬塔伊，以及她在非洲成立的綠帶運動（Green Belt Movement）。如果你對「神經可塑性」（neuroplasticity）這個主題有興趣，我們推薦以下資料：John Medina, *Brain Rules*, (Pear Press, 2009)；Norman Doidge, MD *The Brain That Changes Itself,* (Penguin, 2007)；Daniel G. Amen, MD *Magnificent Mind at Any Age*, (Three Rivers Press, 2009)；Andrew Newberg, MD and Mark Robert Waldman *How God Changes Your Brain,* (Ballantine, 2010)；Rita Carter *The Human Brain Book,* (DK Adult, 2009)；*The Brain,* The History Channel (video),

*The Secret Life of the Brain*, PBS (video)。丹尼爾・席格博士的「我們的神經生物學」，引自 2010 年一場為期兩天的研討會「The Mind That Changes The Brain」，請見 Patty de Llosa for Parabola, http://www.parabola.org/the-neurobiology-of-we.html。我們每日的說話字數請見 Nikhil Swaminathan in"Gender Jabber: Do Women Talk More than Men?," *Scientific American,* July 6, 2007, http://www.scientificamerican.com/article.cfm?id=women-talk-more-than-men。

我們內部圈子有多少進一步資訊，請見 Paul Adams, *Grouped: How Small Groups Of Friends Are The Key To Influence On The Social Web*, Chapter 2 (New Riders, 2012)。John Kreiser 的 CBS News 報導 "Is Your Circle Of Friends Shrinking?," February 11, 2009，指出我們的心腹圈子愈來愈小，1985 至 2004 年間，整整少了 1 人（從 3 人減為 2 人）。

我們透過數次與羅伯・伯恩斯的一對一訪談，重建他與哈特福德保險公司內外圈子連結的故事。

我們在坦納機構的 80 週年演講上，第一次碰到指揮家班傑明・山德爾。讀過他的書《A 級人生》（作者羅莎姆・史東・山德爾〔Rosamund Stone Zander〕、班傑明・山德爾，Boston: Harvard Business School Press, 2000)，我們回想起他的白紙故事。訪問他本人時，我們進一步了解他的點子帶來的不同。你可以線上觀看他的故事 "Benjamin Zander: The Transformative Power of Classical Music," ted.com；"Benjamin Zander: A True Leader," youtube.com；以及 "The

Art of Possibility," youtube.com。

　　我 們 從 Jeff Howe, "The Rise of Crowdsourcing," *Wired*, June 2006，得知艾德華‧梅爾克雷克與高露潔的故事。額外細節取自：www.ideaconnection.com。如果你對「群眾外包」有興趣，建議你閱讀 Jeff Howe, *Crowdsourcing,* (Crown Business, 2009)。卡林‧拉哈尼的話取自他的研究：*The Value of Openness in Scientific Problem Solving* (Lakhani, Jeppesen, Lohse, Panetta, 2007)。馬克‧格蘭諾維特的社會網絡理論研究，請見 "The Strength of Weak Ties: A Network Theory Revisited," Mark Granovetter, http://sociology.stanford.edu/people/mgranovetter/documents/granstrengthweakties. pdf。我們也推薦 Mark Granovetter, *Getting a Job: A Study of Contacts and Careers,* (University of Chicago Press, 1995)。

　　坦納公司好幾位成員都借錢給 Kiva.org。我們受到 Kiva 帶來的不同鼓舞，那是絕佳的傑出工作範例。以下的線上文章與影片，提到邁特‧弗蘭納里（Matt Flannery）潔西卡‧賈克里（Jessica Jackley）的故事：Matt Flannery, "Kiva and the Birth of Person-to-Person Microfinance," *Innovations*, Winter/Spring 2007；Matt Flannery, "Kiva at Four," *Innovations*, Skoll World Forum 2009；"Jessica Jackley: Poverty, Money, and Love," ted .com；"The Story of Kiva," youtube.com；以及 "Intercontinental Ballistic Microfinance: A Wonderful Visualization," *The Atlantic*, September 1, 2011。

# 改善配方

丹・吉伯特的「前額葉皮質」研究，請見他精彩的 TED 演講 "The Surprising Science of Happiness," ted.com。

迪士尼工作室使用分鏡圖的起源，請見 Diane Disney Miller, *The Story of Walt Disney* (New York: Henry Holt, 1956)；John Canemaker, *Paper Dreams: The Art and Artists of Disney Storyboards* (New York: Hyperion Press, 1999)；以及 Christopher Finch, *The Art of Walt Disney* (New York: Abrams, 1974)。

大衛的童子軍委員會故事，來自坦納機構成員的第一手報導。

詹姆士・戴森拿掉吸塵器袋子的故事有許多記錄。我們從 dyson.com 得知他的發明史，並且引用「A New Idea」連結影片中他所說的話。進一步資訊請見 http://www.fastcompany.com/fast50_04/winners/dyson.html，以及 James Dyson, *Against the Odds: An Autobiography* (New York: Texere, 2000)。

我們第一次聽到米格爾令人振奮的維塔拉帕瑪魚塭故事，是在丹・巴伯有趣的 TED 演講 "How I Fell in Love with a Fish"，正文中已提過兩次。此外，我們有幸數度訪問米格爾，包括親自在 2012 年底造訪維塔拉帕瑪。那是一座不可思議的魚塭。進一步的資訊可參考 Lisa Abend, "Sustainable Aquaculture: Net Profits," *Time*, June 15, 2009。

我們有幸從柯特‧羅伯茲那聽到 Nike+ 的故事，他人很和善，答應接受訪問。

史期普‧豪滋其餘的紐康布學校國際學生成功故事，來自前文提到的訪談。

我們第一次知道「環保微型健身房」的故事，是因為 Wired 雜誌這篇文章 "For Fitness Fanatics, Old-Style Gyms Don't Cut It Anymore"。接著我們聯絡亞當‧波索（Adam Boesel），並替《是你讓工作不一樣》訪問他。

## 帶來不同

比爾‧克蘭的軼事，請見以下幾篇文章：Nick Paumgarten, "No Flag on the Play," newyorker.com；"Bill Klem," baseball-reference.com；"Bill Klem," baseballhall.org；以及 "Bill Klem," en.wikipedia.org。

Lifetouch 人像攝影師蒂娜‧羅西透過訪談，和我們分享她的傑出工作。

卡羅‧德威克的成長心態研究被廣泛引用。我們一開始是在 Po Bronson, "How Not to Talk to Your Kids," *New York*, August 3, 2007 讀到她的研究，接著又在下列地方讀到："Dr. Carol Dweck on Fixed vs. Growth Mindsets," youtube.com以及 Marina Krakovsky,"The Effort Effect," *Stanford Magazine,* March/April 2007。不過你也可以在 mindsetonline.com，找到更多卡羅的研究。這個網頁提供許多有用的連結。此外，也可以參考卡羅的著作 *Mindset: The New Psychology of Success* (New York: Ballantine, 2007)。

傑出工作經常是一場需要迭代與精益求精的旅程，從 Burbn 到 Instagram 的這趟旅程，令我們印象深刻。凱文・斯特羅姆的故事，我們參考了以下文章與影片：Dominic Rushe,"Instagram Founders Turn Two Years of Work into \$1bn—Only in Silicon Valley," guardian.co.uk；Kim-Mai Cutler,"From 0 to \$1 Billion in Two Years: Instagram's Rose-Tinted Ride to Glory," techcrunch.com；M. G. Siegler,"Distilled from Burbn, Instagram Makes Quick Beautiful Photos Social," techcrunch.com；Somini Sengupta,"Behind Instagram's Success, Networking the Old Way," nytimes.com；"The Startup That Died So Instagram Could Live," money .cnn.com；"Kevin Systrom Says Comparing Instagram to Photography Is Like 'Comparing Twitter to Microsoft Word,'" techland.time.com；"The Story of Instagram," iitstories.com；"Kevin Systrom on Instagram's Meteoric Rise... and When Is It Coming to Android?," thenextweb.com； 以 及 Kevin Rose,"Foundation 16//Kevin Systrom," youtube.com。

邁可解釋坦納機構的電鍍機改善過程時，立刻指出這是研究人員、焊接師、流程負責人以及統計人員組成的團隊一同合作，

才讓焊接良率提升到 99%。

單板滑雪的之父薛姆‧波本在數次有趣的訪談中,與我們分享他讓事情不同的故事。

## 攀上岩壁

登山家陶德‧史基納於 1999 年到坦納機構演講。那是坦納公司史上重大的一刻。當時我們正在展開一項大型企業資源計畫專案,需要鼓勵。他所說的「攀上岩壁」變成某種加油口號。一直到今天,那都是我們公司文化的一部份。陶德於 2006 年去世,他在優勝美地國家公園進行例行垂降時,裝備失靈。本書提到的故事十分接近他本人分享的版本,不過也引用了陶德精彩的管理類書籍《超越巔峰》(*Beyond the Summit*, New York: Portfolio Hardcover, 2003),以及他攀爬川口塔峰的故事:*National Geographic* (April 1996)。對於攀岩社群以及受陶德鼓舞的法人團體而言,他是最終極的帶來不同的人。

# 致謝

　　本書是團隊努力的成果，我要特別清楚說明這點。為此我要感謝許多人。

　　首先，我要感謝接受本書訪問的人士。他們是本書真正的英雄。部分人士的名字出現在內文，其他無數受訪者則沒有。然而正是這些傑出工作的實際行動者，打開了我們的眼界，他們教導我們，協助我們找出帶來不同的行為模式。

　　接下來，我要感謝我們才華洋溢的團隊，包括坦納機構的成員與夥伴，和我一起帶來這本書（因此本書封面也放上此機構的名稱）。4位共同作者和我密切合作，完成本書的內容。我必須特別感謝他們。

　　巴克萊・伯恩斯博士（Barclay Burns）是我第一位合作者。他一邊攻讀第二個博士學位（這次是劍橋的策略研究），一邊將熱情與學術研究帶進最初的傑出工作對話。在那些早期的白板時間，

我們定出價值創造的架構模型，繪製出人們思考、學習與發展的方式。此外，我們還討論人類成就的心理學。這些點子帶來本書的部分初期假設。巴克萊參加工作坊，回顧文獻，提供真知灼見。近 3 年後，我得以看著本書，並看見由那些早期見面討論啟發的點子。

馬克・庫克（Mark Cook）是傑出的出版作家，他讀了堆積如山的學術研究與商業書籍後，加入這個計畫，讓我們得以充分掌握第三方研究。接著馬克又一頭鑽進傑出工作資料庫，組織團隊，花數百小時閱讀傑出工作範例並編碼。他聘請研究人員跑回歸模型。他分析，他擬定新研究。在此同時，他花時間進行 200 場一對一訪談。他扛下沈重的初級與次級研究，發現與定義 5 種讓事情不同的技巧。此外，馬克也安排參加者超過 400 人的工作坊與訓練練習。這些有真人觀眾的相關經驗，幫助我們測試、改進與溝通後來成為本書的點子。

克里斯・卓戴爾（Chris Drysdale）與陶德・史克（Todd Scurr）是傑出的創意指導，他們接下寫作的重擔。兩位朋友帶來源自他們創意工作的寶貴洞見。我重視他們的策略指導、批判性思考，以及產生點子的能力。陶德了解什麼會推動人們，這點讓本書充滿人情味。克里斯敏銳的耳朵，幫助我們刪掉不必要的部分，直接說出需要被說出的事。我要向他們道歉，他們犧牲假期與週末，還犧牲了睡眠。兩人拼了命研究、訪問與寫故事，卻常常最後被棄之不用，換成別的故事，但他們毫無怨言。克里斯與

陶德填滿了空白頁，艱困時刻也保持著夢想，努力不懈，直到帶來不同。每當有人告訴我本書「是一本好書」，我都會感謝陶德與克里斯。最後我要特別感謝克里斯接下整合的任務。厲害地讓好幾位貢獻者的作品融為一體，還找到方法，給了這本書正確的創意聲音。

我們的研究團隊為了編碼與分析資料，花了無數小時，閱讀數千份得獎工作案例。我要感謝 Gary Beckstrand、Christina Chau、David Rosenlund、Chris Berry、Sean Branigan、Mercedes White、Matt Fereday 與 Matt Dever。也要感謝西塞羅研究（Cicero Research）的專業人士，特別是卡夫曼博士與科文，以及《富比世觀察》的研究團隊，包括 Hannah Seligson、Brenna Sniderman、Kasia Moreno 與 Christiaan Rizy。湯普森博士與史都華・邦德森（Stuart Bunderson）都是組織行為專家，他們從一開始就和我們合作，協助我們擬定問題與研發測試方法。我們的平面設計師朱莉亞・拉派（Julia LaPine）與史考特・安羅伍德（Scott Arrowood）很早就加入團隊，協助批判性思考、提供創意見解與點子發想。接著我們請他們加入平面設計元素：字型、視覺資訊圖表，以及封面藝術。艾麗西亞・紐博德（Alisha Newbold）是我們孜孜不倦的專案經理，她組織工作坊，管理後勤事項，想出練習，製作材料，並把我們這些瘋狂人士組織起來。一群能幹的特約編輯協助我們找到並寫作故事，測試早期的章節大綱。感謝 Pamela Mason Davey、Christy Anderson、Mindi Cox、Todd Nordstrom， 以及 Charlotte Evans。 我要感謝艾蜜莉・羅斯（Emily Loose），她為初期草稿付出的關鍵

編輯工夫，讓內容清楚起來，有條有理。此外也要特別感謝麥格羅‧希爾（McGraw-Hill）出版社的執行編輯唐雅‧迪克森（Donya Dickerson），她不辭辛勞編輯最後的版本，讓這本書簡明扼要。

　　一路上我丟點子給許多我信任的同事與朋友，他們仔細聆聽，永遠都找出辦法貢獻寶貴意見。感謝：Mike Collins、John McVeigh、Tim Treu、Brian Katz、Beth Thornton、Charlotte Miller、Dave Hilton、Gary Peterson、Scott Jensen、Scott Sperry、Joel Dehlin、Michelle Smith、Rob Mukai、Sandra Christensen、Allison VanVranken、Rex Remigi、Kevin Curtis、Ed Bagley、Heather McArthur、Jarond Suman、Kevin Ames、Shauna Bona、Angie Hagen，還要感謝瑪麗‧羅賓斯（Mary Robins），她永遠讓我免於陷入麻煩。也要感謝坦納機構的保全團隊，每次我們待到凌晨兩點時，他們都陪著我們。

　　感謝坦納機構前執行長肯特‧默多克（Kent Murdock）一開始就相信本書。也要感謝坦納現任執行長戴夫‧彼得森（Dave Petersen），他以只有傑出領袖做得到的方式，贊助與鼓勵本書。謝謝你讓我得以兼顧本書，以及我的日常工作。你常開我因為這個計畫而缺席的玩笑，我無可反駁。這本書要第一個送給你。

　　我也要感謝我的父親喬治（George），他善於分析的頭腦，教我要對事情如何運作入迷。我的母親露易斯（Louise）是徹底讓事情不同的人，她在本書的寫作過程中去世。她的一生都在帶來其他人會喜歡的事物。

　　最後我要感謝我的妻子史黛希（Stacie），她是最相信我的人，也是最有耐心的聽眾，以及最有智慧的顧問——在此同時，在我分身乏術時，她還代替我出席家長會、足球賽、網球賽、演奏會以及生日派對。也要感謝我們的孩子班頓（Benton）、莎拉（Sarah）、艾瑪（Emma）與奧利維亞（Olivia）。他們好奇我何時才會停止在晚餐餐桌上分享傑出工作的故事。抱歉了，孩子們，大概不會有那一天。

是你讓工作不一樣——創造影響力的 5 個改變配方 / 大衛‧史特（David Sturt）、坦納機構（O.C. Tanner Institute）著；恬寧譯 -- 三版 .-- 台北市：時報文化，2015.4；　面；　公分

（人生顧問；209）譯自：Great Work: How to Make a Difference People Love

ISBN 978-957-13-6176-5（平裝）

1. 職場成功法　2. 自我實現

494.35　　　　　　　　　　　　　　　　　　　　　　　　　　　　　　　　　1030279

人生顧問 209

是你讓工作不一樣——創造影響力的 5 個改變配方

Great Work: How to Make a Difference People Love

作者　大衛‧史特 David Sturt、坦納機構 O.C. Tanner Institute｜譯者　許恬寧｜主編　陳盈華｜編輯　林貞嫻｜術設計　廖韡｜執行企劃　楊齡媛｜董事長　趙政岷｜出版者　時報文化出版企業股份有限公司　108019 台市和平西路三段 240 號 3 樓　發行專線—(02)2306-6842　讀者服務專線—0800-231-705‧(02)2304-7103　讀者服務傳真(02)2304-6858　郵撥—19344724 時報文化出版公司　信箱—10899 台北華江橋郵局第 99 信箱　時報悅讀網—http www.readingtimes.com.tw｜法律顧問　理律法律事務所　陳長文律師、李念祖律師｜印刷　勁達印刷有限公司｜初一刷　2015 年 4 月 2 日｜初版七刷　2022 年 8 月 31 日｜定價　新台幣 300 元｜版權所有　翻印必究（缺頁或破的書，請寄回更換）